LES MEILLEURES

PLANTES FOURRAGÈRES

DESCRIPTIONS ET FIGURES

AVEC

notices détaillées sur leur culture et leur valeur économique ainsi que sur la récolte des semences et leurs impuretés et falsifications, etc.

Ouvrage publié au nom du Département fédéral du Commerce et de l'Agriculture

par

le Dr F. G. Stebler,
Directeur de la Station fédérale de Contrôle des semences à Zurich,

et

le Dr C. Schrœter,
Professeur de botanique à l'École polytechnique de Zurich.

Traduit par

le Professeur Henri Welter,
Vice-président de la Société d'Horticulture de Genève.

1ère PARTIE

avec 15 planches chromo-lithographiques et de nombreuses gravures sur bois.

PARIS
Librairie agricole de la Maison Rustique
Rue Jacob 26.

BERNE
K. J. WYSS, libraire-éditeur
—
1883.

BRUXELLES
Librairie européenne C. Muquardt
(Merzbach & Falk).

LES MEILLEURES

PLANTES FOURRAGÈRES

DESCRIPTIONS ET FIGURES

AVEC

notices détaillées sur leur culture et leur valeur économique ainsi que sur la récolte des semences et leurs impuretés et falsifications, etc.

Ouvrage publié au nom du Département fédéral du Commerce et de l'Agriculture

par

le Dr F. G. Stebler,
Directeur de la Station fédérale de Contrôle des semences à Zurich,

et

le Dr C. Schrœter,
Professeur de botanique à l'École polytechnique de Zurich.

Traduit par

le Professeur Henri Welter,
Vice-président de la Société d'Horticulture de Genève.

1ère PARTIE

avec 15 planches chromo-lithographiques et de nombreuses gravures sur bois.

BERNE
K. J. WYSS, libraire-éditeur
1883.

PRÉFACE.

Suivant un vœu de la Société d'agriculture de la Suisse allemande, l'Assemblée fédérale vota, pour l'année 1882, un crédit de 10,000 francs aux fins d'aider les progrès de la culture fourragère. Le Département fédéral du Commerce et de l'Agriculture décida, sur l'avis d'une commission de trois membres, qu'une partie de cette somme fût consacrée à la publication d'un ouvrage populaire, donnant la description et la figure coloriée des meilleures plantes fourragères, et chargea le soussigné de la rédaction. En conséquence, après m'être fait exécuter par divers artistes des spécimens de dessins, je m'adressai définitivement, pour avoir des figures peintes des plantes entières, à M. L. Schrœter, qui, dans le courant de l'année et sous la direction de son frère, M. le Dr C. Schrœter, dessina et coloria d'après nature 18 plantes fourragères, desquelles 15 sont comprises dans cette Ire partie. Le Dr Schrœter même voulut bien dessiner les figures analytiques qui sont désignées sur les planches par les chiffres 1, 2, 3, etc. et rehaussent beaucoup la valeur de l'ouvrage. C'est aussi lui qui est l'auteur des « descriptions botaniques » auxquelles se rapportent ces figures et qui se trouvent dans les sections générale et spéciale : non seulement l'agriculteur mais aussi le botaniste de profession y trouveront traités, le plus brièvement possible, certains points essentiels d'organographie et de physiologie végétales. Au Dr Schrœter sont dues également la plupart des remarques relatives à la distribution géographique des espèces et à leurs limites d'altitude. Tout le restant du texte a été écrit par le soussigné. A cette première partie succèdera une seconde au commencement de l'année prochaine, dans laquelle seront décrites de la même manière 15 autres plantes fourragères, les plus intéressantes après celles dont il est traité ici. L'on ne peut dire encore si, après cette IIe partie, l'ouvrage recevra un plus grand développement. Cela dépendra de l'accueil fait à ces deux volumes et d'un nouveau subside accordé par la Confédération ; car sans subvention il serait impossibe de publier à un prix si exceptionnellement modique, et à la fois en allemand et en français, un ouvrage d'une telle étendue et d'une exécution si bien soignée. D'abord, il est vrai, on s'attendait à n'avoir que 70 pages de texte. Mais quoique ce chiffre ait été dépassé considérablement, l'éditeur, M. K. J. Wyss, à Berne, ne s'est pas départi du prix fixé originairement : il est donc à souhaiter qu'un si généreux sacrifice lui soit compensé par la grande quantité des acheteurs de ce livre. Mais c'est surtout aux autorités de la Confédération que nous devons de la reconnaissance, et notamment à M. le Conseiller fédéral Numa Droz, qui n'ont pas hésité d'aider à la publication d'un ouvrage, auquel il a été reproché, d'un certain côté, de n'être qu'un « bagage inutile ». Nous soumettons notre travail au jugement bienveillant du public agricole.

Zurich, le 10 avril 1883.

Dr F. G. Stebler.

TABLE DES MATIÈRES.

INTRODUCTION.

De toutes les plantes cultivées les espèces fourragères sont certainement les plus importantes pour les pays de l'Europe les plus avancés en civilisation. Dans les régions montagneuses et dans celles du littoral des mers ainsi que dans les îles et les presqu'îles de la zone tempérée et en général dans toutes les contrées à climat humide, les plantes en question occupent la plus grande partie du sol cultivable, et même dans les pays d'un caractère différent elles sont mises à profit de plus en plus.

Cependant nous ne faisons que débuter dans cette voie, et nos connaissances pratiques en ce genre de culture sont encore très restreintes comparativement à ce que nous savons faire dans d'autres domaines de l'économie rurale. La première condition du progrès en ce sens c'est de vouer une attention plus grande aux plantes fourragères, qui ont été si négligées jusqu'à présent que la plupart des cultivateurs ignorent jusqu'au nom des plus précieuses des graminées appartenant à cette catégorie, et sont donc bien loin d'en connaître la culture et la valeur agricole.

Nous nous sommes proposé, dans cet ouvrage, d'exposer au moyen de descriptions et de figures ce que nos connaissances en cette matière ont de plus important au point de vue pratique et de stimuler ainsi les cultivateurs à faire à cet égard des observations ou des expériences nouvelles. Nous manquons, il est vrai, de l'espace qu'il faudrait pour traiter de toutes ces plantes avec un détail suffisant, et nous le regrettons notamment pour le trèfle rouge et l'esparcette : cependant de toutes les plantes fourragères ce sont ces deux-là qui exigeraient le moins d'être décrites ici d'une manière complète, parce que nos agriculteurs connaissent assez bien tout ce qui les concerne.

Autrefois, avant que la population ne fût en général aussi dense qu'aujourd'hui, l'on sentait moins le besoin d'avoir recours à une culture rationnelle des plantes fourragères. Mais les progrès de la civilisation ayant donné lieu à une demande croissante de substances alimentaires pour l'homme et ses animaux domestiques, il fallut aviser aux moyens d'augmenter la production fourragère, afin d'obtenir par là des quantités de plus en plus grandes de viande et de lait ainsi que d'engrais et, par conséquent, de céréales et de pain.

C'est par ce motif que la Société économique de Berne mit au concours, en 1760, la question „des meilleurs moyens de produire plus de fourrages en semant des graminées étrangères ou indigènes et appropriées à des sols différents*)." D'autres sociétés agricoles ainsi que des gouvernements et des particuliers s'efforcèrent également de faire adopter les principes rationnels de la culture fourragère, et il en résulta que dès lors l'usage des prairies artificielles se répandit dans l'Europe centrale et septentrionale. Mais l'établissement des chemins de fer et le développement de tous les moyens de communication ont amené un nouvel état de choses. Par suite de la concurrence qui nous est faite par des pays éloignés, les prix des céréales ne sont plus proportionnés aux frais de production, de sorte qu'aujourd'hui nous sommes forcés plus que jamais de chercher à exploiter nos terres d'une manière plus avantageuse. Tout le monde est d'accord que l'amélioration de la culture fourragère est un des principaux moyens de remédier au mal en question. Nous avons donc eu pour objet, dans le présent ouvrage, de faire connaître à l'agriculteur la structure, la vie et la culture des principales espèces fourragères, de l'amener à faire là-dessus ses propres observations et expériences et à se livrer de plus en plus à la production et à l'emploi de plantes si utiles.

Chacune de nos plantes fourragères est décrite d'après les rubriques suivantes:

1. Dénomination.
2. Histoire de la culture.
3. Valeur agricole.
4. Description botanique.
5. Variétés.
6. Distribution géographique.
7. Stations.
8. Limites d'altitude.
9. Exigences quant au climat et au temps.
10. Exigences quant au sol.
11. Epuisement du sol.
12. Engrais et irrigations.
13. Végétation (tallage, gazonnement).
14. Développement.
15. Récolte.
16. Rendement et mode d'exploitation.
17. Valeur fourragère.
18. Production de la semence.
19. Rendement en semence.
20. Impuretés de la semence.
21. Falsifications de la semence.
22. Qualité de la semence.
23. Quantité de la semence.
24. Semis (semis pur ou mélanges).
25. éventuellement: Maladies et leur traitement.

C'est là la méthode suivie ordinairement dans la rédaction de nos monographies. A ces communications il a été ajouté des compléments là où ils ont été jugés nécessaires.

Afin d'éviter des répétitions nous donnons d'abord un chapitre de Généralités, comprenant d'un côté des remarques qui sont communes à toutes nos plantes et d'un autre des explications propres à aider à l'intelligence de ce qui se trouvera dans les notices particulières.

Dans cette partie générale nous suivons la méthode qui vient d'être indiquée pour les descriptions spéciales de nos plantes fourragères.

*) *Der schweizerischen Gesellschaft in Bern Sammlungen von landwirthschaftlichen Dingen.* I. Theil, 1. Stück. Zürich 1760. Seite VIII.

PARTIE GÉNÉRALE.

Description botanique. I. Famille des Graminées. Le corps d'une Graminée, comme celui de la plupart des plantes phanérogames, se compose d'une souche souterraine et de tiges aériennes portant des feuilles et des fleurs.

La souche ne consiste pas en un prolongement souterrain de la tige sous forme d'une racine primordiale ou pivotante et plus ou moins ramifiée. Il est vrai que d'une graine qui germe il sort une telle racine, mais elle se détruit bientôt et est remplacée par un faisceau de *racines adventives* ou secondaires, qui sont toutes de même ordre et sont émises *latéralement* de la base de la tige: c'est principalement aux *nœuds* de celle-ci, là où ils se trouvent cachés dans la terre ou appliqués à sa surface, que ces sortes de racines, dites aussi *fibreuses* ou *fasciculées*, se produisent en grand nombre. Souche.

La tige des Graminées s'appelle *chaume:* celui-ci est ordinairement herbacé et fistuleux ou creux, et il n'est plein ou solide que chez le maïs, le sorgho et certaines espèces d'*Andropogon;* dans la famille voisine des *Cypéracées* il est toujours plein. Les points de la tige ou *nœuds* d'où partent les feuilles sont renflés et pleins, et à l'intérieur elle y présente une cloison transversale *). Chaume.

Les faisceaux fibro-vasculaires, qui courent parallèlement dans les entre-nœuds fistuleux du chaume, viennent à se croiser dans les nœuds. Le chaume ne produit des rameaux latéraux qu'à l'aisselle de ses feuilles les plus inférieures, et cela immédiatement au-dessus du milieu de la ligne d'insertion des feuilles, soit à l'intérieur de la gaîne et au-dessus du nœud. Il n'en est pas ainsi des ramifications de l'inflorescence qui termine la tige.

Ces rameaux latéraux de la base de la tige peuvent se développer de deux manières différentes, et de là les Graminées sont divisées en plantes *annuelles* ou *vivaces*. Chez les premières (qui sont de médiocre importance pour la culture fourragère) le chaume principal et tous ses rameaux fleurissent et fructifient dans l'espace d'une année, et, ces fonctions achevées, la plante périt. Dans ce cas, tout le développement de la plante peut se faire dans le cours d'un été, c'est-à-dire qu'après avoir germé au printemps elle fructifie dans l'été ou l'automne (*blés de printemps*), ou se répartir sur deux années, c'est-à-dire qu'après avoir germé en automne, elle repose pendant l'hiver et n'arrive que dans l'été de l'année suivante au terme de son cycle vital (*blés d'automne*). Chez les Graminées vivaces nous avons également un chaume principal et des rameaux issus de sa base; mais ceux-ci ne fleurissent et fructifient pas dans la même période de végétation que ce chaume. Ils restent stériles d'abord et dans cet état ils passent l'hiver, pour se comporter comme le chaume principal seulement l'année suivante, soit pour fructifier et périr, mais non sans avoir de leur côté pourvu par la production de jets latéraux à la conservation de la plante pendant la période végétative subséquente. Durée.

*) Ces nœuds sont produits par un renflement affectant la base de la gaîne des feuilles et non la tige elle-même: il serait donc plus exact de les appeler nœuds *vaginaux* que nœuds *caulinaires*, comme l'a remarqué Hackel, dans sa monographie des Fétuques européennes. p. 2. La faculté que possède un chaume couché de se relever moyennant une flexion du nœud dépend aussi d'un accroissement inégal de la base de la gaîne et non pas du chaume.

La figure 2 présente le type général d'une Graminée vivace, telle, par ex., qu'on l'aurait observée dans l'été de 1882. Le chaume 1, provenant de l'année passée, n'existe plus qu'en restes desséchés; le chaume 2 est un jet latéral et basilaire du chaume 1, qui formait en 1881 un fascicule de feuilles et s'est allongé pour fleurir cette année; celui-là a poussé à sa base le jet 3, qui restera court pendant cet été, sous forme d'un fascicule stérile de feuilles, et s'allongera en chaume l'année suivante; à la base de ce dernier on aperçoit déjà le bourgeon qui donnera un faisceau de feuilles en 1883 et fleurira en 1884. Ces *fascicules stériles de feuilles* (faisceaux de feuilles de l'année, jets feuillés, pousses latérales, pousses de rajeunissement ou d'innovation) sont un caractère certain pour distinguer les Graminées vivaces *).

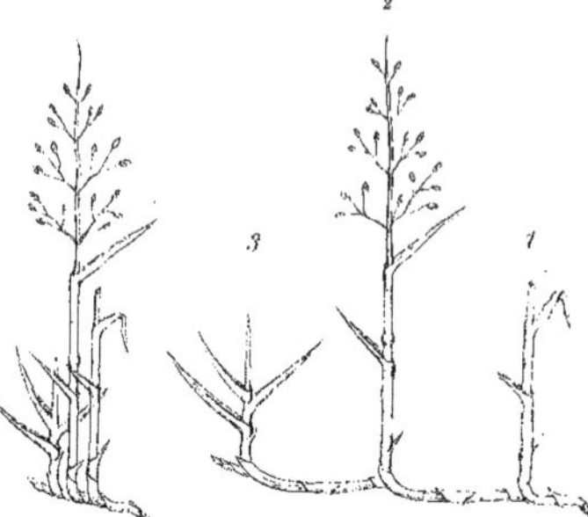

Fig. 1 Fig. 2

Du reste, il arrive souvent que des pousses sorties les unes des autres s'allongent en chaumes et fleurissent dans une seule et même année, surtout quand le chaume principal a été coupé. En outre, et chose que notre figure schématique ne montre pas, en réalité il sort toujours plusieurs jets de la base de chaque chaume, et leur quantité plus ou moins grande fait le tallage plus ou moins fort de la graminée.

Les parties souterraines des pousses nées les unes des autres persistent assez longtemps et leur ensemble forme la souche ou le *rhizôme* d'une Graminée vivace. Elles sont ordinairement garnies de feuilles dénuées de limbe, incolores ou d'un jaune brunâtre, dont la gaîne n'est pas renflée au nœud. Souvent les parties *épigées* ou aériennes des chaumes de la dernière ou de l'avant-dernière année persistent également par leur base desséchée et servent, aussi bien que les fascicules stériles de feuilles, à caractériser les Graminées vivaces.

Végétation. D'après leur mode de végétation ces plantes se divisent en deux classes, qui, il est vrai, ne sont pas définies bien rigoureusement: celle à souche *cespiteuse* ou gazonnante et celle à souche *rampante*, traçante ou stolonifère. Cette différence est produite par un moindre ou plus grand allongement de la partie souterraine des pousses latérales ou des rameaux du rhizôme. Si les pousses s'élèvent immédiatement vers le ciel, leur partie souterraine reste très courte, pendant que toutes les parties aériennes sont serrées les unes contre les autres: la graminée forme alors une touffe compacte et l'on dit que la végétation en est gazonnante **). Fig. 1. Mais, au contraire, si les pousses latérales ne s'élèvent qu'après avoir, sur une certaine longueur, rampé horizontalement sous le sol ou à sa surface, les parties aériennes se montrent écartées les unes des autres: la graminée est alors traçante et ses parties rampantes sont dites *stolons*. Fig. 2. Il s'observe d'ailleurs toutes sortes de transitions entre ces deux végétations, de celle qui est plus ou moins gazonnante à celle qui est traçante plus ou moins longuement.

Les Graminées à souche cespiteuse se distinguent entre elles sous deux rapports. Comme nous venons de le remarquer, les pousses latérales naissent à l'aisselle des feuilles inférieures du chaume et à l'intérieur de leur gaîne. Mais, à partir de là, elles se comportent différemment: tantôt elles se développent en restant à l'intérieur de la gaîne et appliquées à la tige-mère (pousses *intra-vaginales* de Hackel), tantôt elles percent la gaîne à sa base même et se développent au dehors d'elle (pousses *extra-vaginales*). Il est bien entendu que chez toutes les Graminées traçantes les fascicules de feuilles sont toujours extra-vaginaux. Sur les plantes vivantes ces différences se reconnaissent aisément: chez celles à pousses perçantes on voit toujours à la base du chaume une quantité de petits bourgeons,

*) Les tiges encore très-jeunes des Graminées annuelles se distinguent de ces fascicules stériles à ce qu'en en écartant les feuilles on y découvre le rudiment de l'inflorescence.

**) Jessen, dans *Deutschland's Gräser und Getreidearten*, *Leipzig*, 1863, fait observer que le terme *gazonnant* est impropre en ce que ces graminées ne forment pas un *gazon* au sens agricole du mot, lequel est un tapis de verdure constitué par l'enchevêtrement des *longues* ramifications du rhizôme des graminées traçantes.

pâles, coniques, dirigées horizontalement, tandis que chez celles à pousses envaginées, il faut écarter les gaînes inférieures de la tige-mère pour apercevoir les bourgeons qui sont pressés contre elle*).

Une autre différence qui existe parmi les Graminées gazonnantes dépend de la présence ou de l'absence d'articles de la souche ayant éprouvé un certain allongement. S'ils sont très-courts, toutes les pousses supérieures de la touffe sont serrées ensemble et la plante gazonne en masse compacte; en outre, toutes ces pousses arrivant à peu près à la même hauteur, elles ne forment pas une sorte de coussin élevé, mais une touffe à sommet uni, comme, par exemple, le dactyle aggloméré, le fétuque des prés, etc. Mais chez d'autres espèces les articles inférieurs de certaines pousses latérales sont allongés, pendant que la plupart restent très-courts: en ce cas la touffe totale se compose de petites touffes partielles, écartées entre elles par des rameaux du rhizôme qui sont nus. Ces graminées produisent une touffe haute et en forme de coussin, si toutes les pousses latérales s'élèvent immédiatement, en faisant avec leur point d'origine un angle aigu, comme cela se voit notamment chez la houlque laineuse (à pousses extra-vaginales) et, d'une manière moins prononcée, chez le ray-grass d'Italie (à pousses intra-vaginales). Mais si les articles allongés du rhizôme sont ou horizontaux ou dirigés obliquement vers le haut, comme, par exemple, chez le ray-grass anglais, la touffe devient unie et peu serrée.

Ces différents caractères sont d'une grande importance pour la valeur agricole des Graminées, comme nous le verrons plus bas (voyez p. 12).

Feuilles.

Les *feuilles* sont insérées aux nœuds et alternes sur deux côtés opposés du chaume, en formant deux rangées situées dans un même plan : c'est ce qu'on nomme la disposition *alterne-distique* (voyez fig. 1). Les parties du chaume comprises entre deux nœuds ou les *entrenœuds* varient en longueur d'après la situation et l'âge. A la partie inférieure du chaume et sur les jeunes pousses les entrenœuds sont plus courts et partant les feuilles plus rapprochées; à la partie supérieure du chaume fleurissant ils sont allongés et les feuilles écartées entre elles. La partie inférieure de la feuille est une *gaîne* qui entoure le chaume comme un tube. Ordinairement cette gaîne est *fendue* en long jusqu'au nœud, mais dans quelques espèces elle est entière, comme chez le brome doux, le dactyle aggloméré (voyez pl. 3, fig. 11). Le plus souvent l'un des bords de la gaîne recouvre un peu l'autre, et alors les gaînes sont dites *enroulées*. La partie supérieure de la feuille constitue le *limbe* qui est allongé, étroit ou linéaire, et parcouru longitudinalement de nervures parallèles; entre les nervures**) sont des sillons ou des stries de largeurs et de profondeurs variables (voyez les coupes transversales de limbes sur les pl. 1—11***). Ordinairement le limbe est étalé ou plane; mais chez des espèces de stations sèches il est souvent plié sur la nervure médiane et l'une des moitiés enroulée sur l'autre: en ce cas sa face inférieure, qui est tournée en dehors, est convexe et toute la feuille paraît être cylindrique et est dite *enroulée-sétacée*. La différence entre la feuille plane et la feuille sétacée se remarque très-bien sur les deux coupes transversales des fig. 3 et 5; les feuilles qui tiennent le milieu entre ces deux formes sont dites *concaves* (fig. 4). Dans la fig. 3 le grossissement est moindre que dans les fig. 4 et 5.

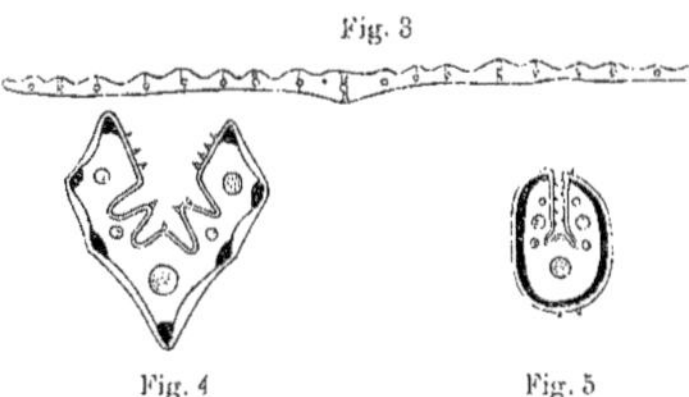

Fig. 3 à 5 Coupes transversales de feuilles. Fig. 3. *Festuca pratensis* (d'après Lund) Fig. 4. *Festuca rubra*. Fig. 5. *Festuca ovina*. (4 et 5 d'après Hackel).

Le chaume ainsi que la gaîne et le limbe des feuilles sont souvent *scabres* ou plus ou moins *rudes* au toucher, surtout si on les fait passer entre les doigts. Cela provient de petites excroissances de l'épiderme qui sont recourbées en crochet et très-imprégnés de silice; et suivant la direction de ces

*) Même sur des plantes en herbier ou sur des pousses développées au point que leur gaîne natale est déjà détruite, on peut reconnaître si la végétation est intra-vaginale ou extra-vaginale d'après les caractères de la *préfeuille*, soit de la première feuille des pousses latérales, qui est dénuée de limbe et toujours tournée vers la tige-mère: dans le premier cas la préfeuille est allongée et distinctement bicarénée et dans le second elle est courte et sans carènes. Cette double carène, comme celle de la glumelle supérieure (voyez ci-dessous), résulte de la pression qui s'exerce entre la gaîne et la tige. (Hackel.)

**) Ces stries sont plus rarement sur les nervures mêmes, comme chez le dactyle : pl. 3, fig. 12.

***) Ces figures sont empruntées du mémoire danois de Samsoe Lund sur les « Moyens de reconnaître les Graminées à l'état non fleuri » publié dans le journal *Om Landbrugets Kulturplanter*, etc., nº 3, Copenhague, 1882.

pointes les organes qui les présentent sont rudes ou « en arrière » ou « en avant » : dans le premier cas, la rudesse se fait sentir en les frottant de bas en haut et les crochets sont donc dirigés en sens opposé, tandis que dans le second cas c'est l'inverse qui a lieu.

Ce qui importe beaucoup aussi pour la distinction des espèces de cette famille, c'est la *préfoliaison* du limbe, c'est-à-dire sa disposition et arrangement dans le bourgeon. Cette préfoliaison, comme on peut l'observer sur les plus jeunes feuilles d'un fascicule, est soit pliée ou *condupliquée* soit roulée ou *convolutive*. Dans le premier cas, la feuille est pliée sur la nervure médiane de façon que l'une des moitiés s'applique sur l'autre, et alors, de deux feuilles qui se suivent la plus ancienne embrasse entre ses deux moitiés la plus jeune ou la plus intérieure (pl. 3, fig. 11) ; dans le second cas, la feuille est enroulée sur elle-même, l'une des moitiés recouvrant l'autre, et de deux feuilles successives la plus ancienne enveloppe la plus jeune comme dans un cornet (pl. 2, fig. 10). On examine cette disposition des feuilles, soit directement sur les plus jeunes de celles d'un fascicule soit en pratiquant sur celui-ci une coupe transversale. La préfoliaison pliée est la plus rare : dans les graminées fourragères elle ne se trouve que chez le fromental, la crételle, le dactyle, la fétuque ovine, le ray-grass anglais et quelques espèces de pâturin.

Ligule. A la base du limbe il se trouve une petite membrane mince et transparente, qui est comme un prolongement de l'épiderme interne de la gaîne : elle s'appelle *ligule* et, par ses différentes formes, elle donne de bons caractères pour la distinction des espèces (voyez, par exemple, pl. 1, fig. 11).

Epillet. Les fleurs des Graminées sont toujours réunies en *épillets*. Cette inflorescence a la structure suivante (voyez pl. 4, fig. 1). Sur l'axe de l'épillet sont disposées de petites folioles ou bractées, alternes-distiques, scarieuses et ordinairement de forme naviculaire. Les deux inférieures sont stériles ou n'ayant pas de fleur à leur aisselle ; il y en a rarement plus ou moins de deux, et elles se nomment

Glumes. *glumes* (*u. Kl.* et *o. Kl.* de nos figures). Elles sont ordinairement très-rapprochées, sans jamais être exactement au même niveau ; l'une est inférieure et l'autre supérieure, et on le reconnaît aisément en ce que celle-ci est embrassée par les bords de l'inférieure. Le plus souvent cette dernière est un peu plus petite, et il est rare que les deux soient de grandeur égale et que l'inférieure ne recouvre pas la supérieure de ses bords (voyez pl. 8, fig. 1 et pl. 9, fig. 1).

Glumelles. Les bractées qui viennent après les glumes sur l'axe de l'épillet et portent les fleurs à leur aisselle se nomment *glumelles*. La première se trouve audessus de la glume inférieure, la deuxième audessus de la glume supérieure et ainsi de suite. Elles sont disposées par paires, l'une, soit la *glumelle inférieure* ou extérieure (*u. Sp.* de nos figures) ayant la fleur à son aisselle et celle-ci étant recouverte par la *glumelle supérieure* ou intérieure (*o. Sp.* de nos figures). Ordinairement la glumelle inférieure présente une forte nervure médiane ou dorsale, qui s'appelle *carène*, si la bractée est pliée à angle aigu le long de cette nervure. Le plus souvent cette nervure se prolonge en *arête* au-delà du sommet de la glumelle (*Gr.* de nos figures). Le point de départ de celle-ci est variable : tantôt elle ne devient libre qu'à l'extrémité de la glumelle (arête *terminale*, comme dans le ray-grass d'Italie (pl. 2, fig. 4), tantôt elle se détache du milieu du dos (arête *dorsale*, comme dans l'avoine jaunâtre, (pl. 6, fig. 4), et tantôt enfin de la base de la glumelle (arête *basilaire*). Les glumes ont rarement des arêtes : il en existe, par exemple, de très-courtes chez la fléole des prés (pl. 8, fig. 1) et de longues chez la flouve odorante (pl. 10, fig. 6).

La *glumelle supérieure*, qui est embrassée par l'inférieure, est d'une structure toute différente. Quoiqu'étant opposée à celle-ci elle n'est pas insérée sur l'axe de l'épillet mais sur un axe latéral très-court, naissant de l'aisselle de la glumelle inférieure et terminé par la fleur (axe floral). Elle est de consistance beaucoup moins ferme que la glumelle inférieure, n'a pas de nervure dorsale mais le plus souvent deux nervures latérales qui sont rapprochées des bords et forment des carènes, parce que la lisière située en dehors d'elle est réfléchie à angle aigu (voyez pl. 5, fig. 3).

Le nombre des fleurs d'un épillet varie beaucoup. Il y a des épillets *uni*flores chez la fléole et le vulpin des prés, chez la flouve odorante et l'agrostide traçante (pl. 8, 9, 10, 11) ; des *bi*flores chez le fromental et la houlque laineuse (pl. 5, 7) ; des *pluri*flores chez les ray-grass anglais et italien, le dactyle aggloméré, la fétuque des prés et l'avoine jaunâtre (pl. 1, 2, 3, 4, 6). Comme chaque fleur naît de l'aisselle d'une glumelle inférieure, on peut aussi compter le nombre des fleurs d'un épillet d'après celui de ces bractées.

Les glumes sont ordinairement plus longues que les glumelles, de sorte qu'elles recouvrent tout l'épillet, comme chez l'avoine jaunâtre, la houlque laineuse, la fléole et le vulpin des prés, la flouve odorante et enfin l'agrostide traçante (pl. 6--11); mais quelquefois ce sont les glumelles qui dépassent beaucoup les glumes, comme chez les ray-grass, le dactyle aggloméré, la fétuque des prés et le fromental (pl. 1—5).

Avant que de considérer les fleurs nous voulons apprendre à connaître la disposition des épillets en inflorescences composées, soit en panicules ou épis. Elle est en *panicule*,*) si les épillets sont portés au moyen de *pédoncules* sur les rameaux du chaume, et elle est en *épi*,**) si les épillets sont insérées immédiatement sur l'axe principal et sans le moyen de pédoncules. Inflorescence.

On peut de là diviser les espèces de cette famille en *graminées à panicule* (parmi lesquelles nous avons toutes nos graminées fourragères, à l'exception des ray-grass anglais et italien) et en *graminées à épi* (les deux ray-grass, le froment, le seigle, etc.). Si les rameaux de la panicule sont très-courts et très-rapprochés, l'inflorescence est contractée et, au premier regard, elle paraît être en forme d'épi; mais en lui imprimant une courbure on reconnaît aussitôt que chaque épillet est pédonculé, tous étant portés sur des ramifications de l'axe principal, et que nous avons bien affaire à une panicule (fléole et vulpin des prés, flouve odorante, pl. 8, 9, 10).

La fleur des graminées est, avant l'*anthèse* ou floraison, étroitement enfermée entre les glumelles: elle consiste ordinairement en 2, rarement en 3, petites écailles nommées *squamules*, incolores, membraneuses, charnues seulement pendant l'anthèse (désignées sur toutes nos planches par *Sch*), avec 3 étamines et un pistil à 2 stigmates. Les squamules sont placées devant la glumelle inférieure; quelquefois elle manquent, comme chez la flouve odorante et le vulpin des prés (pl. 9, 10), et il est plus rare encore qu'elles soient au nombre de trois.***) Il sera question plus bas de leurs relations avec certains phénomènes de l'anthèse. Fleur.

Les *étamines* (*Stg.* de nos figures) sont au nombre de 3 dans toutes nos Graminées indigènes, excepté seulement chez la flouve odorante, où il n'y en a que 2 (pl. 10, fig. 1—5), et chez quelques espèces de fétuques (*Festuca Myuros*, L. et *F. bromoides*, L.). L'une d'elles est placée entre les deux squamules, devant la glumelle inférieure, les autres sont sur les côtés de la glumelle supérieure (voyez le diagramme de l'épillet). L'*anthère* (*Stb.* de nos figures) est à deux lobes, qui sont très-divergents à chaque extrémité, et elle attachée au *filet* par le dos, dans la divarication de l'extrémité inférieure: anthère dorsifixe, oscillante. Les lobes s'ouvrent chacun par une fente longitudinale, d'où le moindre ébranlement fait échapper le pollen sec sous forme d'un petit nuage.

L'*ovaire* (*Frkn.* de nos figures) est un sac sessile et ordinairement obovale, qui porte à son sommet ou au-dessus de lui 2 *styles*, dont les ramifications, étant garnies de papilles stigmatiques qui retiennent le pollen, fonctionnent comme stigmates. Ces rameaux ou occupent toute la longueur des styles jusque près de leur base, en formant des stigmates *plumeux*, comme chez la fétuque des prés (pl. 4, fig. 2) ou ils sont en une sorte de pinceau au sommet des styles, qui est nu dans le restant de son étendue, en formant des stigmates *en goupillon*, comme chez la fléole des prés et la flouve odorante (pl. 8, fig. 4 et pl. 10, fig. 2). L'ovaire contient un seul ovule, qui est attaché à la suture regardant la glumelle supérieure (face ventrale).

Les fleurs qui sont pourvues d'étamines et d'un ovaire ayant eu leur développement normal et capables, par conséquent, d'opérer la fécondation, sont dites *fleurs hermaphrodites*; mais il y en a aussi dont l'ovaire est avorté ou nul et qui ne peuvent donc fonctionner que comme des fleurs estaminées ou mâles: il s'en trouve de telles chez le fromental et la houlque laineuse. Enfin les glumelles extrêmes d'un épillet puriflore sont souvent vides ou sans fleur à leur aisselle.

La disposition des différentes pièces d'un épillet de graminée s'aperçoit d'un seul coup d'œil sur les *diagrammes* qui en sont donnés parmi nos figures des plantes fourragères. Ces diagrammes sont tracés d'après le plan suivant. Les glumes et les glumelles, conformément à leur insertion alterne-distique, sont placées sur une même ligne, dont le milieu est occupé par l'axe de l'épillet figuré par

*) A la rigueur ce n'est pas là une panicule simple mais une panicule composée d'épis.

**) A la rigueur c'est là un épi composé, vu que l'épillet simple est lui-même déjà une inflorescence soit «un épi simple» dans le langage des botanistes.

***) Jusqu'à présent on les regardait généralement comme un périanthe imparfait, comme, par ex., des organes analogues aux divisions pétaloïdes de la tulipe; mais d'après les recherches organogéniques de Hackel, il est probable qu'elles correspondent à une bractée de l'axe floral, bifide et opposée à la glumelle supérieure.

un point noir ou un petit rond; or, plus un organe est situé bas sur cet axe plus il est éloigné de ce centre: les glumes se trouvent donc le plus extérieurement, et à gauche et à droite ou en haut et en bas. Les glumes et les glumelles sont représentées par des arcs de cercle sur lesquels sont marqués des points qui rappellent les nervures: telle serait à peu près une coupe tranversale de ces organes. Les squamules sont figurées par des arcs beaucoup plus petits que ceux-là; les anthères par des dessins en forme de biscuit, qui en reproduisent grossièrement la coupe transversale; enfin l'ovaire par deux petits cercles concentriques, garnis des stigmates plumeux (voyez, par ex., pl. 1, fig. 8). Les fleurs se montrent embrassées par les deux glumelles.

Anthèse. Avant l'anthèse les fleurs des Graminées sont renfermées entre les glumelles étroitement closes. La floraison peut se faire de trois manières.*)

I. Les glumelles s'écartent largement, ou plutôt la glumelle inférieure s'éloigne, et cela très-vite, de la supérieure qui garde sa position, jusqu'à ce qu'elle fasse avec celle-ci un angle de 30 à 50°; les étamines apparaissent sous forme d'une petite colonne composée des 3 anthères, qui sont portées sur des filets encore très-courts et recouvrent les 2 stigmates encore appliqués l'un contre l'autre et dressés (voyez pl. 1, fig. 1). Mais aussitôt que les étamines sont délivrées de la pression des glumelles, les filets commencent à s'allonger promptement et en peu de minutes elles atteignent une longueur triple ou quatruple de celle qu'ils avaient d'abord.**) D'abord raides et dressés, ils sont bientôt entraînés par le poids des anthères et ils se recourbent en dehors, en laissant les anthères pendre vers le sol; et d'ordinaire c'est alors seulement que celles-ci s'ouvrent pour laisser échapper le pollen. Pendant ce temps, les stigmates se sont séparés et écartés, en sortant à droite et à gauche d'entre les glumelles pour se saisir du pollen. Après la fécondation la glumelle inférieure se referme de nouveau et recouvre le fruit mûrissant. Hackel a observé que cet écartement de la glumelle inférieure, par lequel débute l'anthèse, est causé par le prompt et fort gonflement qu'éprouvent les squamules en absorbant de l'eau, et qui, par cette augmentation de leur volume, poussent en dehors l'organe en question. Après l'anthèse, qui dure d'une à deux heures, les squamules se dessèchent et l'élasticité fait revenir la glumelle à sa position première.

II. Les deux glumelles s'ouvrent à peine, et ce n'est qu'à leur sommet qu'il se produit un petit orifice par lequel sortent les étamines et les stigmates: dans ce cas, ces derniers sont ordinairement en goupillon, tandis qu'ils sont plumeux dans le cas précédent. Les glumelles se comportent ainsi parce que les squamules sont ou développés imparfaitement, comme chez la fléole des prés, ou même nulles, comme chez la flouve odorante et le vulpin des prés.

III. Les organes sexuels ne se montrent absolument pas au dehors des glumelles et la fécondation se fait en dedans. A cette catégorie n'appartient aucune des nos graminées fourragères, mais elle comprend les différentes espèces d'orge ainsi que certaines espèces de *Stipa* et le *Leersia oryzoides* Sw.

Outre ces différences dans le phénomène de l'anthèse, lesquelles dépendent de la manière dont se comportent les glumelles, il y en a d'autres encore qui sont en rapport avec le mode de pollinisation, celui-ci variant suivant que le pollen arrive sur les stigmates de la même fleur ou sur ceux d'une autre. C'est ce que nous examinerons dans les descriptions spéciales de nos plantes.

Fruit. Après la fécondation l'ovule se développe en graine, qui emplit bientôt toute la cavité de l'ovaire et se soude si intimement avec la paroi ou le *péricarpe*, qu'il faut recourir au microscope pour en distinguer le *testa* ou tégument propre de la graine. Le *grain* des Graminées ne consiste donc pas seulement en la *graine*, mais celle-ci étant encore recouverte du péricarpe, il est en réalité un *fruit* monosperme, et devrait être nommé ainsi. Il appartient au groupe des fruits secs appelés *caryopses*, qui sont indéhiscents, avec une seule graine, et celle-ci étant soudée de toutes parts avec un péricarpe mince, le fruit a l'aspect d'une graine. Aussi chez les cultivateurs et les marchands grainiers le caryopse des Graminées est-il regardé généralement comme une graine, et dans un ouvrage du genre de celui-ci, qui s'adresse à des gens pratiques, nous avons dû, afin d'éviter des confusions, respecter

*) Voyez Godron: *De la floraison des Graminées.* Mémoires de la Société nationale des Sciences naturelles de Cherbourg, Tome XVII p. 105 (1873); et W. Rimpau: *Das Blühen des Getreides.* Landw. Jahrbücher von Thiel, 1883, p. 875.

**) Il a été constaté par Askenasy, qui a étudié ce phénomène, que l'allongement des filets est produit simplement par l'extension de leurs cellules, qui se gonflent d'eau aspirée des anthères.

cet usage au moins dans la partie agricole de nos monographies des graminées fourragères. C'est pourquoi le caryopse ne sera désigné comme un fruit que dans les descriptions botaniques et les explications des planches, et partout ailleurs il sera appelé « graine » ou « grain ». Cette inconséquence nous semble d'autant plus justifiable qu'en vérité le grain est formé presque tout entier par la graine, et que sa qualité de fruit ne réside qu'en ce qu'extérieurement il est revêtu d'un péricarpe, qui n'est qu'une membrane mince et difficile à séparer du testa de la graine.

Il est très-rare qu'à la maturité le fruit tombe hors des glumelles: cela arrive bien chez le froment et le seigle, mais chez aucune de nos graminées fourragères. Il est vrai qu'exceptionnellement on rencontre dans le commerce de la semence de dactyle aggloméré qui est dépouillée des glumelles. D'ordinaire le fruit reste enveloppé étroitement des deux glumelles, et quelquefois même il est de plus renfermé dans les glumes, de sorte que le fruit parait être constitué par l'épillet tout entier, comme chez la houlque laineuse et le vulpin des prés. Nous appelons *faux-fruits* ces fruits enveloppés des glumelles, car un *vrai* fruit consiste *uniquement* dans l'ovaire fécondé et mûri.

A la maturité, les épillets pluriflores se décomposent ordinairement de façon que l'axe en est rompu en autant d'articles qu'il porte de fleurs. Ces pièces, qui se montrent coupées net, restent unies aux faux-fruits de telle sorte que chacun porte la partie de l'axe située au-dessus de son point d'insertion. Elles ressemblent à des « pédicelles » s'élevant de la base de la glumelle supérieure et elles y sont appliquées entre les deux carènes (voyez, par ex., pl. 1, fig. 5, Ac. A.).

Sur le fruit nu, c'est-à-dire sur le caryopse, on distingue une face ventrale et une face dorsale, dont la première est tournée du côté de la glumelle supérieure et la seconde du côté de la glumelle inférieure. *)

Le petit *embryon* (*K* de nos figures) est placé à la base du dos, dans une fossette du *périsperme* farineux de la graine, et n'étant couvert que de la membrane mince composée du péricarpe et du testa de la graine, il est bien visible au dehors. La face ventrale du fruit est ordinairement creusée d'un sillon, dans lequel on reconnait parfois aussi le *hile*, soit la place où la graine est attachée au péricarpe: ce hile se montre, par ex., sous forme d'une ligne allongée sur le fruit de la fétuque des près (pl. 4, fig. 6, *H*).

II. Famille des Légumineuses (Trèfles, etc). Ce qui concerne la végétation et le tallage se trouvera dans les descriptions spéciales.

Les feuilles des Légumineuses sont ordinairement alternes spiralées, et très-rarement alternes-distiques commes celles des Graminées. Le plus souvent elles consistent en un pétiole bien distinct et un limbe *composé*, c'est-à-dire formé de deux ou plusieurs petites feuilles ou *folioles*, qui sont attachées au pétiole commun par une articulation. Si les folioles sont au nombre de trois, comme dans le genre Trèfle, la feuille est dite *trifoliolée*; si sur les deux côtés du pétiole sont insérées plusieurs folioles, la feuille est *imparipennée* ou *paripennée*, suivant que les folioles sont, soit en nombre impair ou avec une foliole terminale, comme chez l'esparcette (pl. 15), soit en nombre pair ou sans foliole terminale, comme chez la vesce: dans ce dernier cas, le pétiole se termine souvent en vrille. Au pied du pétiole et sur l'un et l'autre de ses côtés il se trouve toujours une *stipule*, membraneuse ou herbacée, insérée à la tige par une base élargie et souvent soudée au pétiole (*Stip.* de nos figures). Feuilles.

L'inflorescence est ordinairement soit en *grappe* soit en ombelle simple ou *capitule;* et elle est ou *terminale*, c'est-à-dire placée à l'extrémité d'une tige feuillée et plus ou moins allongée ou *latérale*, c'est-à-dire *naissant* de l'aisselle d'une feuille. Inflorescence.

Une fleur est toujours *hermaphrodite* et *complète*, c'est-à-dire composée d'un calice, d'une corolle, d'étamines et d'un pistil. Elle est *irrégulière* en ce sens qu'elle ne peut être coupée que d'une seule manière en deux moitiés symétriques, tandis qu'une fleur régulière peut être *plusieurs fois* partagée ainsi; la tulipe, par ex., s'y prête six fois. Le calice est composé de 5 sépales soudés inférieurement et à sommet en forme de *dents* souvent acuminées longuement: d'ordinaire il est irrégulier en tant, par ex., que l'*une* des dents est plus longue que les autres. Si l'on imagine que le capitule des fleurs soit dressé et qu'une d'elles, faisant saillie horizontalement, soit dirigée droit contre nous, l'une des dents du calice sera exactement placée en dessous et opposée à la bractée de la fleur; mais les bo- Fleur.

*) Au point de vue botanique, ces deux termes devraient s'échanger, parce qu'ordinairement on regarde comme la partie antérieure d'une fleur celle qui est tournée contre la bractée et l'autre comme la postérieure.

tanistes la regardent comme placée en avant. Cette dent antérieure est ordinairement plus longue que les autres, comme, par ex., chez le trèfle rouge (pl. 12, fig. 1, *v. Kz*). La corolle est composée de 5 pétales inégaux, qui sont libres entre eux, sauf dans le genre Trèfle. Le plus grand et le plus frappant de ces pétales est *l'étendard* (*Fa.* de nos figures) qui est placé entre les deux dents supérieures du calice, et partant dirigée droit en haut; la partie supérieure en est ordinairement tournée en arrière ou du moins dressée, et le plus souvent un peu échancrée au sommet. Au-dessous de l'étendard se trouvent, à droite et à gauche, les deux *ailes (Fl.)* qui sont dirigées droit en avant; puis vient la *carène (Sch.)* qui est ordinairement couverte par les ailes et formée de deux pétales placés à droite et à gauche de la dent inférieure (ou antérieure) du calice et qui le plus souvent sont adhérents ou même soudés par leurs bords internes. Dans la fleur encore en bouton ou pendant la *préfloraison*, l'étendard plié longitudinalement embrasse les ailes et celles-ci recouvrent à leur tour la carène. Les *étamines* sont au nombre de 10; le plus souvent 9 d'entre elles sont soudées, jusqu'au delà du milieu des filets, en un tube fendu supérieurement et renfermant le pistil, pendant que la dixième est étendue sur cette fente. Les anthères sont cachées dans l'extrémité de la carène. Le *pistil* est composé d'un ovaire uniloculaire *(Frkn.)*, à un ou plusieurs ovules attachés à la suture ventrale, qui regarde l'étendard, et d'un style ordinairement allongé et recourbé vers le haut, qui est terminé par un stigmate de forme variable.

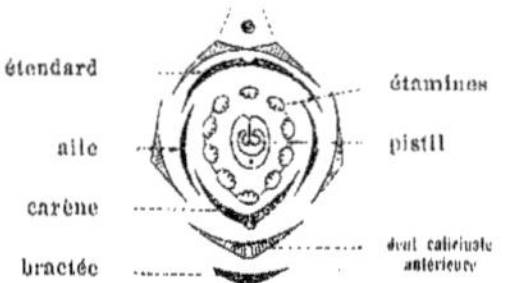

Fig. 6. Diagramme d'une fleur de Légumineuse (d'après Eichler).

La structure d'une fleur de Légumineuse se comprend au premier regard sur le diagramme ci-joint (fig. 6) et sans qu'il soit besoin d'autres explications.

Nous avons vu que chez les Graminées le pollen, au plus faible ébranlement, sort des anthères ouvertes en légers nuages et qu'il arrive ainsi aux stigmates par la voie de l'air. Chez les Légumineuses il en est tout autrement, et la pollinisation du stigmate ne peut se faire ici que par l'intervention d'insectes venant butiner dans la fleur du miel ou du pollen. Il y a dans la fleur, comme nous le verrons dans la description des espèces,*) des dispositions particulières afin que les grains glutineux du pollen s'attachent sur l'insecte visitant et soient transportés par lui sur une fleur *autre* que celle dont ils proviennent. **)

Le fruit s'appelle *légume* ou *gousse*, et s'ouvre longitudinalement, sur la nervure dorsale et la suture ventrale, en deux valves tordues ordinairement sur elles-mêmes et portant les graines sur l'un des bords. La gousse est quelquefois *indéhiscente* et partagée par des étranglements en articles transversaux monospermes, qui se séparent à la maturité (*Ornithopus sativus* L, ou serradella), ou réduite à un seul article monosperme (esparcette). Dans le genre Trèfle elle est à peine ou irrégulièrement déhiscente, monosperme ou, plus rarement, 2—4 sperme.

La *graine* est ordinairement enveloppée d'un testa lisse et brillant, sur lequel se remarque une petite place arrondie ou elliptique, mate et d'une couleur plus claire, qui s'appelle le *hile* et est le point où la graine était attachée à son pédoncule ou *funicule*. A l'aide de la loupe on peut toujours découvrir à l'une des extrémités du hile le *micropyle*, soit un petit enfoncement qui marque l'orifice par lequel l'ovule avait reçu le boyau pollinique pour être fécondé, et sur le côté opposé au hile la *chalaze*, soit une petite saillie qui marque le point où aboutissait le faisceau vasculaire par lequel l'ovule a été nourri. L'embryon est gros et constitue tout le corps de la graine, car elle n'a point, comme celle des Graminées, un *périsperme* ou *albumen*.

La masse principale de l'embryon est formée des deux *cotylédons* épais, hémisphériques, contigus par leur face plane et lisse, qui seront les premières feuilles de la jeune plante: ils sont attachés par une petite partie de leur bord à la *tigelle*, axe qui se prolonge inférieurement en la *radicule*, courte et conique, et souvent visible à la surface de la graine, et supérieurement en la *gemmule*, petit bourgeon caché entre les cotylédons et garni de quelques feuilles rudimentaires.

---

*) Voyez Herm. Muller: *Die Befruchtung der Blumen durch Insekten*, etc. 1873; du même auteur: *Alpenblumen, ihre Befruchtung durch Insekten*, etc. 1881.

**) Il est douteux, en beaucoup de cas, qu'il y ait fécondation si le pollen arrive sur le stigmate de la *même* fleur; mais il a été observé qu'elle a lieu en effet dans certaines circonstances.

A la germination la radicule pénètre dans le sol tandis que la gemmule s'élève dans l'air et déploie ses feuilles. Quant aux cotylédons, tantôt ils restent enfouis dans la terre, comme chez la vesce, tantôt ils s'élèvent au-dessus d'elle, deviennent verts et fonctionnent comme premières feuilles: tels sont ceux des autres plantes fourragères de cette famille.

Variétés. Nous n'avons tenu compte que de celles qui ont une importance agricole.

Distribution géographique. Il résulte des indications données pour chacune de nos espèces que l'Europe tempérée est la patrie des meilleures plantes fourragères et qu'il n'y en a qu'un petit nombre qui soient indigènes en Amérique.

Stations. La nature des lieux où la plante végète à l'état spontané nous montre ce qu'exige à cet égard la plante cultivée.

Limites d'altitude. On trouve dans nos descriptions spéciales que la plupart des espèces fourragères montent à des hauteurs considérables, en partie jusque dans la région alpine, et l'on peut en conclure qu'une connaissance exacte de ces plantes est utile à la fois pour les habitants du bas pays et ceux de nos montagnes.

Climat et temps. La plupart des plantes fourragères, sauf l'esparcette et la luzerne, réussissent le mieux dans les climats et les années humides, pourvu qu'elles jouissent de la température convenable. Aussi les climats dits maritimes et des montagnes sont-ils les plus favorables à la culture en question.

Sol. Pour la désignation des sols convenables à nos espèces fourragères nous avons eu recours à la classification chimico-physique. Les terrains sont divisés ainsi:

1. Argile forte;	5. Limon doux;
2. » ordinaire;	6. » sableux;
3. » douce;	7. Sable limoneux;
4. Limon*) fort;	8. » inconsistant.

De ces terrains le n° 1 est le plus lourd et le plus compact et les suivants sont de plus en plus légers et meubles. Le limon doux est aussi appelé terre *normale* ou *terre franche*. Nous avons de plus:

9. Marne argileuse,	avec 50–60 %	d'argile	et 10–15 %	de calcaire.
10. » limoneuse,	» 35–50 %	»	» 25–50 %	»	»
11. » calcaire,	» 20–35 %	»	» 50–75 %	»	»
12. » sableuse,	» 60–80 %	de sable	» 10–20 %	»	»

Les n°s 9 et 10 se rapprochent des limons pendant que les n°s 11 et 12 comptent parmi les terres brûlantes. Viennent enfin:

13. Calcaire argileux;	17. Terreau riche, non acide;
14. » limoneux;	18. Tourbe;
15. » sableux;	19. Terre de bruyère.
16. » pierreux;	

La plupart des terrains contiennent de l'*humus* ou du terreau, mais sans être pour cela désignés comme *terreaux*. D'après la proportion de l'humus on les divise en cinq catégories:

a. pauvres en humus, avec 3 % d'humus.
b. humifères, avec 3–5 % »
c. humeux, avec 5–10 % »
d. riches en humus, avec 10–15 % »
e. très riches en humus, avec 15 et plus % d'humus.

C'est ainsi, par ex., que nous distinguons un « limon sableux humeux » (n° 6 et c).

Si un sol est riche en fer, ce qui se reconnaît à sa couleur rouge foncé, il est dit *ferrugineux*; mais si, de plus, il contient du terreau acide, il est tout à fait stérile. Suivant le degré d'humidité, un terrain peut être aride, sec, frais, humide ou mouillé.

---

*) Nous traduisons l'allemand *lehm* par *limon*, et il faut entendre par là un mélange intime et en parties à peu près égales d'argile et de silice fine, auquel s'ajoute une certaine proportion de calcaire et d'humus.

D'après leur formation les terrains sont ou des produits de la désagrégation de la roche constituant le sous-sol ou des alluvions de matériaux charriés par les eaux. Les deux classes comprennent des terrains fertiles ou infertiles.

Epuisement du sol et Engrais. Les chiffres donnés dans les descriptions spéciales démontrent que les différents trèfles enlèvent du sol, outre la potasse, beaucoup plus de chaux et de magnésie que les graminées, pendant que dans les cendres de celles-ci il se trouve une très forte quantité de silice. Mais comme tous les autres ingrédients sont d'ordinaire contenus dans le sol en quantité suffisante, il s'agit de ne lui rendre par l'engrais que de l'azote, de l'acide phosphorique et de la potasse, plus rarement de la chaux. Pour les sortes de terrain les plus communes, il faut tenir compte aussi des matières propres à former de l'humus qui se trouvent dans l'engrais, surtout dans le fumier de ferme. Afin de déterminer expérimentalement quelle est la substance nutritive qui manque le plus souvent dans le sol ou qui s'y rencontre en la moindre quantité, R. Heinrich*) recommande d'y faire des essais d'engrais minéraux de la manière suivante :

I. Parcelle: Potasse (à l'état de sel concentré au quintuple).
II. » Plâtre.
III. » Acide phosphorique (en superphosphates).
IV. » Azote (en poudre de sang desséché).
V. » Potasse et acide phosphorique.
VI. » Potasse et azote.
VII. » Acide phosphorique et azote.
VIII. » Acide phosphorique, azote et potasse.
IX. » Sans engrais.

La substance au moyen de laquelle on obtient le plus grand produit est celle qui fait défaut le plus dans le terrain. Par les essais I—IV, on est averti qu'il n'en manque qu'une seule, et par les essais V—VII qu'il en manque deux, et enfin, si le sol est dépourvu des trois minéraux les plus importants, c'est l'essai VIII qui rapportera le plus. Dans ces expériences il faut naturellement prendre une égale quantité du même élément nutritif.

Quant à l'engrais liquide ou lisier, c'est en général avec les graminées qu'on en obtient les meilleurs résultats. Si l'on veut employer en même temps un engrais artificiel, il convient de le répandre sur le sol avant d'arroser avec le lisier, afin que par ce liquide il soit entraîné dans la profondeur. Le fumier de ferme ne doit guère s'employer pendant que les plantes sont en végétation active, parce qu'à la récolte on aurait un fourrage plus ou moins malpropre: il faut donc le mettre immédiatement après la dernière coupe, à la fin de l'été ou en automne.

Végétation. Pour avoir un pré bien constitué, en tant que cela dépend des plantes qui y sont cultivées, il faut que celles-ci, d'un côté, couvrent le sol *uniformément* et donnent ainsi un gazon d'un tissu consistant et serré, et que, d'un autre côté, leurs tiges ne poussent pas en touffes hautes plus ou moins mais produisent un gazon d'un niveau *égal*. La houlque laineuse, par ex., ne vaut donc pas pour composer un pré, parce qu'elle gazonne en coussins élevés, qui ne se prêtent point à une coupe uniforme et sont préjudiciables à une exploitation régulière. Les graminées en touffes compactes, comme le dactyle aggloméré et la fétuque des prés, même là où elles ne sont pas trop élevées, ne sont pas propres non plus à former un gazon bien consistant; il en est de même de la plupart des espèces de trèfle. C'est pourquoi, si l'on tient à obtenir un gazon serré, il faut associer des espèces qui sont en état de remplir les lacunes. On peut employer à cet effet les graminées qui produisent de larges touffes, telles que le fromental, le timothy, l'avoine jaunâtre, etc.; mais celles-ci ont d'ordinaire l'inconvénient de ne donner qu'un gazon peu dense. Par conséquent, les plantes les meilleures pour faire un bon pré sont celles qui sont stolonifères, comme le pâturin commun et celui des prés, l'agrostide traçante, le trèfle blanc, etc. Il est vrai qu'il y a, comme nous l'avons remarqué dans la description botanique des Graminées, des transitions entre les différentes sortes de tallage et desquelles il importe de tenir compte pour l'établissement d'une prairie: c'est ainsi, par ex., que le vulpin des prés tient le milieu entre les graminées stolonifères et celles à gazonnement large et peu dense.

*) Dr. **R. Heinrich**: *Grundlagen zur Beurtheilung der Ackerkrumme in Beziehung auf landwirthschaftliche Produktion.* Wismar, 1882.

Développement. La croissance des Graminées est, selon l'espèce, plus ou moins rapide. Pendant que les unes atteignent déjà la première année au point extrême de leur développement, les autres n'y arrivent que dans la deuxième ou troisième année. Pour une exploitation de courte durée, l'on emploiera donc surtout des espèces à développement rapide, tandis que dans le cas contraire on préférera celles qui vivent longtemps, et ordinairement ces dernières sont celles dont le développement est le plus lent. Toutes les Légumineuses, sauf l'esparcette, se développent assez vite et viennent généralement à être en plein rapport déjà la première année, si toutefois elles ne sont pas en mélange avec une autre céréale.

Récolte. Les plantes fourragères sont consommées soit en vert soit à l'état sec. La première manière n'a besoin d'aucune explication, mais il est nécessaire d'exposer au moins le principe des différents procédés de fenaison:

I. *Foin séché par le soleil.* C'est la méthode la plus commune. Après que l'herbe a été fauchée elle est étalée et séchée au soleil. Pendant ce temps, elle est retournée une ou plusieurs fois, et parfois aussi râtelée le soir en petits meulons, pour être épandue de nouveau le lendemain matin. Ce moyen de fanage est le plus simple et le moins dispendieux, mais il ne peut se pratiquer que par un beau temps.

II. *Foin brun.* Ce procédé s'applique particulièrement aux espèces de trèfle, parce qu'à l'état vert ces plantes contiennent environ 10 % plus d'eau que les graminées et sont par conséquent plus difficiles à sécher. Le trèfle rouge contient à la fleur 80 % d'eau et à l'état de foin seulement 16 %, de sorte que pendant le fanage il doit s'en évaporer 64 % d'eau. Avec le soleil la dessiccation ne se ferait que lentement, sans compter que toutes les manipulations qu'on fait subir au foin font tomber facilement les feuilles et causent ainsi une perte considérable. Afin d'éviter ces inconvénients on a recours souvent au procédé qui donne le *foin brun.* Les plantes fauchées restent exposées au soleil jusqu'à évaporation de 35 à 40 % de leur eau, et pendant ce temps elles sont retournées une fois. Le foin est ensuite mis en meulons dans lesquels il s'échauffe fortement et perd encore de son humidité. Ordinairement on ne l'épand plus alors, mais il est rentré à la ferme au bout de cinq à six semaines.

Chez nous on combine souvent ces deux procédés. Si le temps est incertain, le foin à moitié sec est amassé en tas arrondis, tantôt petits tantôt plus ou moins grands, qui sont faits aussi compacts que possible. Par là l'on empêche le fourrage d'être lessivé en cas de pluie. Supposons que le foin couvre de ses tas $^1/_{50}$ de la superficie du pré, et que dans un jour il tombe une pluie de la hauteur de 2 pouces, ce qui fait par arpent 8000 pieds cubes d'eau. Si le foin était étalé sur toute l'étendue du pré, il serait délavé par la totalité de cette grande quantité d'eau et il perdrait considérablement de sa substance. Mais comme il n'occupe que la cinquantième partie de la superficie, il ne reçoit que 160 pieds cubes d'eau et partant la perte qu'il éprouve est cinquante fois moindre. *Wolff**) rapporte qu'au moyen de l'eau froide on peut extraire du trèfle en foin 25—40 % de la matière sèche, de sorte que 100 *℔* de foin perdraient 21—34 *℔*. Mais c'est aussi par rapport à la qualité que l'eau est très préjudiciable au foin. Ainsi, par ex., des expériences faites à Möckern (Saxe) ont montré qu'il y avait, en fait de matière grasse et de substances extractives non azotées:

36,1 % dans du foin qui n'avait pas reçu de pluie.
23,4 % » » » qui avait eu de la pluie durant deux semaines.

C'est pour cette raison qu'en cas d'imminence de pluie il importe beaucoup de ramasser le foin en tas. Il s'y échauffe à quelque degré, et cela d'autant plus fort que les monceaux sont plus grands et plus fermes et que l'herbe est plus riche en eau. S'il revient du beau temps, on défait les tas et en épandant le foin on le fait sécher plus facilement. Comme nous venons de le dire, c'est là une combinaison des deux procédés du séchage par le soleil et de la préparation du foin brun, qui est en usage en Suisse et peut-être ailleurs aussi, depuis plus d'un siècle**).

La méthode dite de Klappmeier est fondée sur le même principe.

---

*) Dr. **Emil Wolff:** *Die rationnelle Fütterung der landwirthschaftlichen Nutzthiere.* 8. Aufl., Berlin, 1881. S. 108.

**) *Beschreibung der Heuernte in der Gegend von Burgistein. Abhandlungen und Beobachtungen durch die ökonomische Gesellschaft zu Bern gesammelt;* 1762: 2. *Stück.*

III. *Foin séché par l'air.* Ici se placent tous les procédés dans lesquels la dessiccation de l'herbe est causée par un courant d'air. On l'obtient soit en dressant les plantes simplement sur le sol soit en les disposant sur des échafaudages de bois. A la première méthode appartiennent les *moyettes* (fig. 7), qui sont employées notamment pour la fenaison du trèfle et la récolte de sa semence. On coupe avec la faux armée les pieds qu'on veut sécher, et après avoir été, pour se ressuyer, laissés en andains un ou deux jours, on les ramasse en petites gerbes, qui sont composées de façon à avoir en dehors ce qui dans l'andain était en dessous. Les plantes sont liées ensemble, immédiatement au-dessous de l'inflorescence, au moyen de quelques chaumes, et puis placées sur le sol par leur bout coupé. Une autre sorte de moyettes s'emploie pour les porte-graines qu'on veut amener à une

Fig. 7. Moyette.

Fig. 8. Grande moyette.

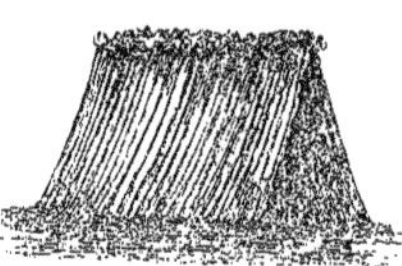
Fig. 9. Rangée.

maturité parfaite. En ce cas les plantes sont liées en javelles de l'épaisseur du bras, et de celles-ci l'on prend une quantité pouvant aller jusqu'à cent pour les dresser sur le bout coupé et en les appuyant les unes aux autres, de façon à former une sorte de pyramide: c'est là ce qu'on appelle les *grandes moyettes* (fig. 8), et les plantes restent assemblées ainsi pendant une ou deux semaines. Le trèfle et la luzerne sont souvent dressés en *rangées,* de la manière indiquée par la figure 9. Les plantes, comme celles qui sont mises en moyettes, sont d'abord laissées en andains pour se ressuyer et puis disposées en longues lignes, en s'appuyant deux à deux par leur sommités. Les moyettes et les rangées sont très-sujettes à être renversées par le vent, et alors il faut avoir soin de les redresser, ce qui cause souvent beaucoup de travail.

Fig. 10. Perche ou Perroquet.

Dans les Alpes et dans les contrées où d'ordinaire la chaleur du soleil n'est pas de force à achever la dessiccation, le foin, quand il est à moitié sec, est porté sur les bras en croix de la *perche* (à trèfle) représentée par la figure 10, où il peut être traversé par les courants d'air et séché à point. Comme le transport de cet appareil, sa fixation dans le sol, etc. ne laissent pas d'être parfois assez difficiles, *Schwerz* *) en a recommandé un autre, qu'on appelle *porte-trèfle.* Celui-ci, comme le montre la fig. 11, consiste en trois chevalets qui portent trois perches horizontales sur lesquelles on suspend le trèfle. Mais la meilleure qu'il y ait de ces sortes de séchoirs est la *pyramide* de la fig. 12, qui est devenue dans ces derniers temps de plus en plus en usage. — Du reste, quelque soit celui qui s'emploie de ces échafaudages, le foin n'y est porté que quand il est déjà à moitié sec; mais il faut qu'il ne pose point sur le sol, afin que l'air y puisse aussi pénétrer inférieurement. Sur les perches la dessiccation du fourrage s'achève ordinairement en deux ou trois jours, mais sur les pyramides il y faut, suivant le temps qu'il fait, de six à dix jours.

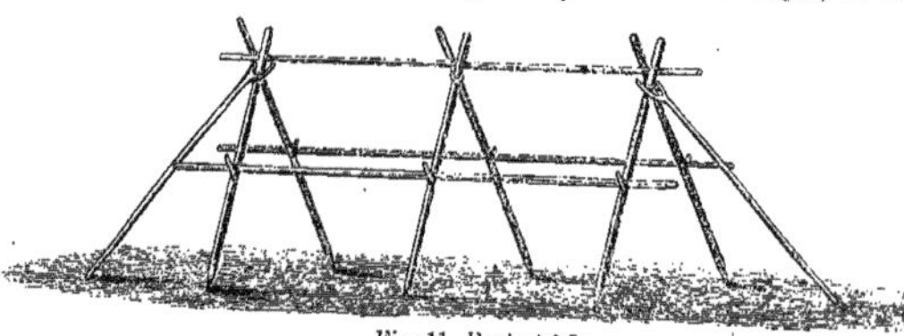
Fig. 11. Porte-trèfle.

*) **Joh. Nep. v. Schwerz:** *Anleitung zum praktischen Ackerbau,* 2. *Aufl., Stuttgart und Tübingen,* 1837. Bd. II. S. 450.

Fig. 12. Pyramide ou Cavalier.

Valeur fourragère. La valeur d'un fourrage se détermine d'après sa teneur en éléments nutritifs azotés et non azotés. Les éléments azotés consistent, d'après l'opinion admise jusqu'à présent, en albumine, pendant que les non-azotés sont constitués par la graisse, la fibre ligneuse et les substances extractives. Il est entendu parmi les chimistes-agronomes qu'*une* partie d'albumine et de graisse assimilables ou digestibles équivaut à *cinq* parties de fibre ligneuse et de substances extractives assimilables. Si donc l'on connaît la proportion des éléments assimilables d'un fourrage, il est facile, d'après cette convention, d'en fixer la valeur nutritive. Ainsi, par ex., un quintal de foin de ray-grass anglais contient :

Albumine assimilable	5,1 % × 5 = 25,5	unités de valeur fourragère
Graisse »	0,8 % × 5 = 4,0	»
Hydrates de carbone (Fibre ligneuse et substances extractives) assimilables . . . : . .	35,3 % × 1 = 35,3	»
	Total 64,8,	soit, en nombre rond, 65 unités.

En admettant que le quintal (ou 65 unités de valeur fourragère) de ce foin coûte fr. 3, cette unité coûtera 300 : 65 = 4,6 centimes.

Du foin de prairie de qualité moyenne contient 73 unités de valeur fourragère. Si le prix marchand du quintal en est de fr. 3, le foin de ray-grass anglais vaudra $\frac{300 \times 65}{73}$ = fr. 2,67.

Il est facile à l'analyse chimique de trouver la quantité absolue des éléments nutritifs contenus dans un fourrage, mais il est plus compliqué d'en déterminer la digestibilité. Ainsi, par ex., nous avons reconnu que dans un quintal de pissenlit à l'état vert (renfermant 87 % d'eau) il y avait 2,6 % d'albumine, 0,5 % de graisse, 6,0 % de substances extractives et 1,9 % de fibre ligneuse : mais ce n'est qu'au moyen d'expériences faites sur l'animal qui en est nourri qu'on peut savoir combien il s'assimile de chacune de ces matières. A cet effet, on analyse d'un côté le fourrage et de l'autre les excréments solides. La différence représente la matière assimilable. Supposons que des 2,6 % d'albumine ingérée avec le fourrage il se retrouve encore 1,3 % dans les déjections ; alors on dira que la proportion de l'albumine digérée est de 2,6 – 1,3 = 1,3 %, ou, en d'autres termes, que le coefficient d'assimilabilité est de 50 %. Or, la digestibilité varie beaucoup suivant l'espèce de la plante, son degré de développement, etc. D'une graminée jeune il s'assimile une quantité plus grande que de celle qui est par trop mûre ; il en est de même d'un foin rentré en bonne condition relativement à celui qui a été détérioré par la pluie. Dans les fourrages secs la partie assimilable du total de l'albumine est de 40 à 80 %, en moyenne de 55 à 65 %, et celle de la graisse de 30 à 60 % ; les substances extractives sont considérées comme assimilables complètement, tandis que dans ce cas, par compensation, la fibre végétale est regardée comme restant indigestible. Les substances extractives et la fibre ligneuse assimilables sont comprises sous le nom général d'*hydrates de carbone*. En admettant que du pissenlit il s'assimile 70 % d'albumine et 50 % de graisse, les proportions des éléments nutritifs assimilables seront les suivantes :

Albumine	1,8 %
Graisse	0,25 %
Hydrates de carbone . . .	6,0 %

Si ces chiffres sont exacts, un quintal de pissenlit à l'état vert comportera donc, d'après le calcul indiqué ci-dessus, 16 unités de valeur fourragère.

Jusqu'ici la teneur en albumine d'une substance fourragère se fixait simplement en multipliant par 6,25 la quantité d'azote trouvée par l'analyse, parce qu'on admettait que tout l'azote contenu dans le fourrage y était sous forme d'albumine. Si, par exemple, l'analyse avait constaté 2 % d'azote, la quantité d'albumine était de 2,0 × 6,25 = 12,5 %, car dans 6,25 parties en poids d'albumine il existe 1 partie d'azote. Mais il a été démontré par des recherches de date récente que souvent une assez forte proportion de l'azote n'est pas sous forme d'albumine mais sous celle d'amides. Il n'a pas encore été reconnu exactement quelle est la valeur nutritive des amides, mais il paraît qu'à cet égard ils ne diffèrent guère de l'albumine, quand ils sont consommés conjointement avec celle-ci; c'est pourquoi l'on a conservé dans ce livre l'ancien usage de ramener tout l'azote à l'albumine. Après qu'il aura été déterminé expérimentalement quel est le rôle alimentaire des amides, l'on devra en tenir compte dans les données sur la composition d'une substance fourragère; mais avant que nous n'en soyons là, il ne nous semble pas utile de nous conformer à cette opinion nouvelle. Néanmoins, nous n'avons pas laissé, dans cet ouvrage, de citer les valeurs relatives aux amides, dans les cas où des recherches avaient eu lieu là-dessus.

A la suite des chiffres concernant la valeur fourragère nous avons noté chaque fois la *proportion des éléments nutritifs.* Il faut entendre par là le rapport des éléments assimilables azotés aux éléments assimilables non azotés; chez ces derniers la partie en poids de la graisse est évaluée à 2,44 et ajoutée aux autres. Ainsi, par ex., la proportion des éléments nutritifs du ray-grass anglais est celle-ci: 35,3 + (0,8 × 2,44) : 5,1 = 1 : 7,3.

D'après *Wolff*, nos animaux de ferme ont besoin par jour, sur 1000 de poids vif, des quantités suivantes d'éléments nutritifs:

Espèces animales	Matière organique au total	Substances assimilables				Proportion des éléments nutritifs
		Albumine	Hydrates de carbone	Graisse	au total	
	℔	℔	℔	℔	℔	
1. Bœufs en plein repos d'étable	17,5	0,7	8,0	0,15	8,85	1 : 12,0
2. Moutons à laine, races fortes	20,0	1,2	10,3	0,20	11,70	1 : 9,0
» races fines	22,5	1,5	11,4	0,25	13,15	1 : 8,0
3. Bœufs travaillant modérément	24,0	1,6	11,3	0,30	13,20	1 : 7,5
» fortement	26,0	2,4	13,2	0,50	16,10	1 : 6,0
4. Chevaux travaillant modérément	21,0	1,5	9,5	0,40	11,40	1 : 7,0
» moyennement	22,5	1,8	11,2	0,60	13,60	1 : 7,0
» fortement	25,5	2,8	13,4	0,80	17,00	1 : 5,5
5. Vaches laitières	24,0	2,5	12,5	0,40	15,40	1 : 5,4
6. Bœufs à l'engrais, 1ère période	27,0	2,5	15,0	0,50	18,00	1 : 6,5
2me »	26,0	3,0	14,8	0,70	18,50	1 : 5,5
3me »	25,0	2,7	14,8	0,60	18,10	1 : 6,0
7. Moutons à l'engrais, 1ère période	26,0	3,0	15,2	0,50	18,70	1 : 5,5
2me »	25,0	3,5	14,4	0,60	18,50	1 : 4,5

Il appert de ce tableau que le besoin et la proportion des éléments nutritifs sont exprimés pas des valeurs précises et fixables d'avance. Notons encore que partout où dans nos descriptions des espèces fourragères il est question de foin simplement et sans autre indication, ce fourrage doit être considéré comme contenant 14 % d'eau.

Impuretés et falsifications de la semence. Les *falsifications* consistent en des ingrédients étrangers qui ont été mêlés avec une marchandise *volontairement* et avec l'intention d'obtenir un gain frauduleux, tandis qui s'ils s'y trouvent *accidentellement*, il faut ne les regarder que comme des *impuretés.* Ainsi, par ex., les graines de cuscute et de pimprenelle sont des impuretés et non des falsifications parce qu'elles n'ont pas été mêlées avec la semence intentionnellement ; mais il y a falsification si dans une semence il se rencontre de petites pierres colorées.

Appréciation de la semence. La qualité d'une semence s'apprécie généralement d'après sa pureté, sa faculté germinative, la grosseur des grains et leur pesanteur. Elle est d'autant plus grande que ces quatre caractères sont d'un degré plus élevé. Nous entendons par *pureté* la proportion centésimale des graines pures ou vraies contenues dans une marchandises, et par *faculté germinative* la proportion en laquelle celles-ci sont capables de germer. Une marchandise avec 90 % de pureté et 80 % de faculté germinative contient 90 % de graines pures, desquelles 80 % ont la propriété de germer. Si des 90 % de graines pures il n'y avait que 1 % dans ce cas, la marchandise n'aurait que 90 : 100 = 0,9 % de graines *pures* et *capables de germer ;* mais comme il y en a 80 % qui ont cette faculté, la proportion des graines pures et capables de germer est de 90 : 100 × 80 = 72 %. Par ce nombre, qui s'appelle aussi la *valeur utile*, l'on comprend dans la même notion et la pureté et la faculté germinative. Une marchandise ayant 72 % de valeur utile est désignée brièvement comme étant *à 72 pour cent.* C'est ainsi que nous parlons de marchandises à 10, 20, 30, jusqu'à 100 pour cent. Une marchandise à 100 % est exempte d'ingrédients étrangers (pureté = 100 %) et ces graines pures sont toutes capables de germer (faculté germinative = 100 %). Les semences des plantes fourragères ne sont jamais de la marchandise à 100 %, parce que même dans les meilleures qualités il se trouve des ingrédients étrangers, tels que des particules terreuses, des débris végétaux, etc., et que des graines pures il y a toujours un certain nombre qui ne germe point. Nous avons noté pour chacune de nos plantes ce qu'on doit exiger d'une bonne marchandise en fait de pureté et de faculté germinative. — Dans le kilo d'une marchandise à 1 % il n'y a qu'un centième qui soit utile : nous désignons cette valeur par le terme de *centième de kilo,* et nous pouvons exprimer ainsi par un seul et même chiffre *la qualité et la quantité.* Dans 4 kilos d'une marchandise à 2 % il y a 8 centièmes de kilo, et dans 4 kilos d'une marchandise à 72 % il y a 288 centièmes de kilo. Un sac d'esparcette à 80 % et du poids de 50 kilos contient 50 × 80 = 4000 centièmes de kilo.

La teneur en graines pures et capables de germer sert à calculer le prix réel d'une marchandise. Si le prix de vente du kilo d'une semence à 90 % est de fr. 2,10, le centième de kilo coûtera 210 : 90 = 2,33 centimes (100 centièmes de kilo = fr. 2,33). Si, à prix égal, la proportion des graines pures et capables de germes n'est que de 70 %, le centième de kilo coûtera 3 centimes (100 centièmes de kilo = fr. 3). — Les 100 centièmes de kilo coûtent donc ici 67 centimes de plus que pour la première marchandise.

Une semence a d'autant plus de valeur qu'elle est à grains plus gros. Dans ce cas il faut moins de grains pour faire un kilo. Les chiffres moyens donnés à cet égard ont été obtenus par suite d'un grand nombre d'essais. Si la quantité des grains par kilo est plus grande, la semence est à grains plus petits et par conséquent d'une valeur moindre, et cette quantité est moins grande si les grains sont plus gros.

Le poids est également une mesure de la valeur de la marchandise. Elle est, en général, d'autant meilleure que l'hectolitre en pèse davantage.

Quantité de la semence. Les quantités que nous notons pour les semis ont été calculées sur des données fournies par un grand nombre d'agronomes. A côté de la quantité en poids nous avons toujours marqué celle en centièmes de kilo, le chiffre desquels est fixé d'après une bonne marchandise de qualité moyenne. Ainsi, par ex., pour le ray-grass anglais, la quantité de semence à l'hectare est de 62 kilos d'une marchandise à 71 % (pureté = 95 %, faculté germinative = 75 %; 95 : 100 × 75 = 71,3 %) ou de 4402 centièmes de kilo (62 × 71). Si l'on fait un mélange de plusieurs semences, on fixe pour chaque sorte la proportion qu'il faut en prendre, et le poids se calcule d'après cela. Supposons qu'il s'agisse d'un mélange de 50 % de ray-grass anglais et de 50 % de trèfle blanc, l'on aura besoin de 31 kilos ou de 2201 centièmes de kilo de ray-grass et de 6 kilos ou 432 centièmes de kilo de trèfle. Les chiffres que nous donnons se rapportent donc aux semis purs.

Nous voulons qu'un bon champ de fourrage rapporte d'une manière soutenue la plus grande quantité possible d'excellente nourriture animale. Ce but est atteint rarement par le semis d'une seule espèce de plante, soit parce que celle-ci n'est pas de nature à former un gazon consistant, soit que, dans le cas où elle le fasse, elle ne se développe guère en hauteur, comme il arrive avec la plupart des espèces stolonifères. Le rendement le plus fort s'obtient généralement en cultivant ensemble des graminées et des trèfles appropriés au terrain et associés en quantités convenables: celles-ci se fixent d'après le mode de tallage des plantes, qui est indiqué sous la rubrique de «*végétation*». Il importe aussi d'avoir autant que possible de justes proportions des espèces employées, en tant qu'elles s'enracinent plus ou moins profondément et se développent très peu, médiocrement ou beaucoup en hauteur. On doit en outre avoir égard à la durée et à la vitesse de la croissance et surtout à l'ensemble des caractères qui distinguent chacune de ces plantes La place nous manque ici pour expliquer d'autres règles encore d'après lesquelles on détermine l'espèce et la quantité des plantes fourragères à semer en mélange, et nous renvoyons pour cela à notre écrit sur les Mélanges des semences de graminées*), dans lequel tout ce qui a rapport à ce sujet est traité en détail et appuyé par des exemples. Si l'on sait en quelle proportion telle ou telle plante doit entrer dans un mélange, il est facile, au moyen des tableaux donnés dans l'appendice, de calculer la quantité de semence qu'il faut en prendre. Or, sur une certaine superficie, il y a place pour un plus grand nombre de plantes en mélange que de plantes en semis pur, et cela d'autant plus que le mélange est composé d'espèces plus nombreuses et que celles-ci sont plus différentes. C'est pourquoi, dans ces tableaux, la quantité de semence est notée toujours avec un surplus allant de 10 % jusqu'à 80 %. Si l'on veut d'après cela composer un mélange, il faut commencer par choisir les plantes convenables, puis fixer en quelle proportion chacune d'elles doit se trouver dans le pré futur et enfin déterminer le surplus qui s'ajoute à la quantité de semence. Le reste se comprend de soi. Afin d'expliquer la chose nous donnons l'exemple suivant d'un mélange simple de trèfles et de graminées, destiné pour une exploitation de deux ou trois ans.

Espèce de semence	Le mélange doit consister en	Surplus	Il se met donc dans le mélange					
			par arpent			par hectare		
	%	%	centièmes de kilo	Kilos	Grammes	centièmes de kilo	Kilos	Grammes
1. Trèfle rouge	40	10	310	3	523	774	8	795
2. Trèfle hybride	30	10	112	1	647	337	4	956
3. Ray-grass d'Italie	10	10	133	1	985	369	5	507
4. Fromental	10	10	147	3	196	405	8	804
5. Timothy	10	10	96	1	103	287	3	299
Total	100			11	454		31	361

Dans ce mélange de trèfles et de graminées il entre 40 % de trèfle rouge. La quantité absolue de semence, avec un surplus de 10 %, est par arpent de 774 centièmes de kilo (voyez le tableau I): il en vient donc dans le mélange 774 : 100 × 40 = 310 centièmes de kilo. Si la marchandise dont on dispose a 88 % de graines pures et capables de germer, il en faut 310 : 88 = 3 k. 523 gr. ou, en nombre rond, 7 livres.

Récolte précédente, préparation du sol, époque du semis, semailles, semis en céréale, enfouissement de la semence. Les récoltes les meilleures pour précéder toutes les plantes fourragères, tant graminées que trèfles, sont celles qui laissent le champ en bon état de fumure, bien ameubli, et avec le moins possible de mauvaises herbes, ce qui est le cas surtout des plantes sarclées qui ont été bien fumées. Les graminées ainsi que les trèfles exigent une terre bien divisée, préparée comme celle d'un jardin, parce que sans cela beaucoup des graines du semis descendraient trop dans le sol et que plus tard il périrait un grand nombre des plantules. La semence ne doit être enfouie que modérément, parce que les graines très menues, celles notamment de certaines graminées, ne doivent

*) Dr. **F. G. Stebler:** *Die Grasssamen-Mischungen zur Erzielung des grössten Futterertrages von bester Qualität.* 2. Aufl. Bern, 1883. K. J. Wyss.

être recouvertes que très peu. Sur une terre forte et fraîche il suffit de donner un roulage, tandis que sur une terre légère et sèche la semence peut être enterrée au moyen d'un faible hersage. L'époque la plus favorable pour les semailles est d'ordinaire le printemps, d'avril jusqu'à la mi-juin; souvent aussi l'on sème en automne, mais la réussite en est moins bonne. Les semis se font soit à la main soit avec le semoir à trèfle, qui peut servir pour toutes les semences de graminées, sauf celle de fromental. Les graminées et les trèfles sont semés habituellement dans une céréale, et le plus souvent, au printemps, dans un blé d'hiver; mais on les met aussi dans le blé de printemps ou dans une céréale à couper en vert (avoine ou seigle). Nous renvoyons, pour plus ample information sur tous ces points, à notre écrit ci-dessus indiqué sur les Mélanges des semences de graminées, dans lequel est expliqué tout le détail de la culture des plantes fourragères.

Explication des signes des figures.

Planches des Graminées.

AcA. = Axe de l'épillet.
AcSp. = Rachis de l'épi.
Bh = Ligule.
Bsch. = Gaîne de la feuille.
Bspr. = Limbe de la feuille.
Fr. = Fruit.
Frkn. = Ovaire.
Gr. = Arête.
H. = Hile.
K. = Embryon.
N. = Stigmate.
o. Kl. = Glume supériure.
o. Sp. = Glumelle supér.
Sch. = Squamule.
Stb. = Anthère.
Stf. = Filet.
Stg. = Etamine.
Stp. = Pistil.
u. Kl. = Glume inférieure.
u. Sp. = Glumelle infér.

Planches des Légumineuses.

Ch. = Chalaze.
Co. = Cotylédons.
f. = Appendice de l'aile.
Fa. = Etendard.
Fl. = Aile.
Fr. = Fruit.
Frkn. = Ovaire.
f. Stf. = Filet libre.
Gr. = Style.
H. = Hile.
K. = Calice.
M. = Micropyle.
N. = Stigmate.
s. = Onglet de l'aile.
Sch. = Carène.
Stb. = Anthère.
Stf. = Filet.
Stf. R. = Tube des filets
Stip. = Stipule.
v. Kz. = Dent caliciuale antérieure.
W. = Radicule.

Pour les descriptions botaniques on s'est aidé, avec les ouvrages indiqués dans la partie générale, principalement des suivants:

Ascherson: Flora der Provinz Brandenburg. Berlin, 1864
Döll Flora des Grossherzogthums Baden. Karlsruhe. 1857--1862.
Nyman: Conspectus Floræ Europææ, Oerebro, 1878--1882.

PARTIE SPÉCIALE.

1. Le Ray-grass anglais.

Lolium perenne, L.

Famille des Graminées.

Dénomination. Le mot de ray-grass est une corruption de l'anglais *rye-grass*, qui signifie « herbe de seigle ». Le nom scientifique est *Ivraie vivace*, traduction du latin *Lolium perenne*. Il est encore connu sous ceux de lolie, fromental d'Angleterre, gazon anglais, ivraie de rat, bonne-herbe, etc. On l'appelle aussi ivraie des prés ou d'hiver pour le distinguer de l'ivraie des blés ou d'été, soit de l'ivraie enivrante *(Lolium temulentum, L.)*.

Histoire. De toutes les graminées fourragères le ray-grass anglais paraît être la plus anciennement cultivée. En Angleterre elle l'était déjà il y a deux cents ans : d'après *Werner* *) il en est parlé dès 1677 par le Dr *Plot*, qui rapporte que depuis quelque temps on l'y cultivait sous le nom de *gramen loliaceum*. Un certain *Eustache*, du comté d'Oxford, passe pour être le premier qui se soit occupé de cette culture. En 1681, cette plante est aussi mentionnée par *Worlidge*, suivant lequel elle méritait la préférence sur toutes les autres herbes fourragères, et par celles-ci il entend l'esparcette, la luzerne, le trèfle rouge, la vesce et le lotier. D'Angleterre la semence en fut importée dans les pays du continent, où, pour cela, cette graminée a reçu et gardé le nom de ray-grass anglais.

D'après *Burger*, **) le ray-grass anglais était, au commencement de ce siècle, cultivé dans la Haute-Italie, en constituant la graminée principale des prairies irriguées de la Lombardie. Cette allégation a été reproduite jusqu'à nos jours dans beaucoup d'ouvrages agricoles, même dans ceux d'auteurs très-distingués. Mais jadis le ray-grass italien était ordinairement regardé comme une variété du ray-grass anglais, et Burger aussi entendait par son « ray-grass anglais » l'espèce que nous appelons aujourd'hui ray-grass italien. C'est là une distinction qui a échappé aux auteurs qui ont répété le dire de Burger.

Dans la Suisse on ne s'est mis à cultiver le ray-grass anglais que vers la fin du siècle dernier. En 1761, le pasteur Albert Stapfer, doyen d'Oberdiessbach, dans le canton de Berne, recommanda d'ensemencer de ray-grass anglais les terres froides, humides et inclinées au nord, et donna des instructions pour la culture de ce fourrage et la production de ses graines. ***) Mais ce ne fut que sur la fin du siècle passé et au commencement du nôtre que cette graminée en vint à être cultivée de plus en plus.

Valeur fourragère. Tantôt prôné, tantôt déprécié outre mesure, le ray-grass anglais n'en est pas moins une des plantes les plus précieuses de nos prairies. Cependant sa taille n'est guère élevée, et c'est plutôt une herbe basse. Pour les pâturages sur sols argileux, il ne saurait être remplacé par une autre graminée : aussi entre-t-il en forte proportion

*) Dr. **Hugo Werner** : *Handbuch des Futterbaues auf dem Ackerlande.* Berlin, 1875.

) Dr. **Joh. Burger : *Die Landwirthschaft in Oberitalien.* Neue Ausgabe. Wien, 1851.

***) Abhandlungen und Beobachtungen durch die ökonomische Gesellschaft in Bern gesammelt. 1762. 4. Stück.

dans les mélanges propres pour l'établissement de pâturages gras ou de première qualité sur les terres d'alluvion du Nord de l'Allemagne. Il y a même là des cultivateurs expérimentés qui, à cet effet, ne sèment que du ray-grass avec une petite quantité de trèfle blanc.

La durée de cette plante varie beaucoup d'après le sol et le climat. Dans les terrains légers et sous un ciel sec elle ne reste guère que deux ans, tandis que dans une bonne terre lourde et un climat humide elle persiste sept ans ou davantage.

Description botanique. Le ray-grass anglais forme une touffe unie, élargie mais dense. Quoique les pousses latérales soient intravaginales, certains de leurs entrenœuds s'allongent en stolons minces, ascendants ou presque horizontaux, de sorte que la touffe totale est composée de touffes partielles nombreuses et réunies entre elles par les articles de la souche ainsi allongés. Gaînes des feuilles inférieures rouges à la base et se conservant longtemps sans se décomposer en filaments. Tiges lisses, hautes de 30 à 60 centimètres. Feuilles d'un vert foncé, à préfoliaison *condupliquée* (fig. 9), lisses en-dessous, sillonnées régulièrement en-dessus (fig. 10) et plus ou moins rudes aux bords; ligule très-courte (fig. 11). Inflorescence en épi avec épillet terminal et rachis ne se désarticulant pas à la maturité; épillets latéraux, solitaires sur les dents du rachis et placés de manière qu'un plan passant par le milieu de toutes les fleurs coupe aussi le rachis de l'épi (fig. 1 et 8). Epillets ordinairement de 8—10 fleurs; le terminal seul pourvu de *deux* glumes et les latéraux n'ayant que la glume *supérieure*, placée extérieurement par rapport au rachis. Cette glume unique est à 7—9 nervures (fig. 1 et 8, *o. Kl.*), ordinairement plus *longue* que la glumelle inférieure contiguë (fig. 1 *u. Sp*), le plus souvent de la demi-longueur de l'épillet entier. Glumelle inférieure à 5 nervures, lancéolée, toujours *mutique*, obtuse, rarement aiguë (fig. 1—5, 8, *u. Sp.*). Glumelle supérieure bicarénée, à carènes ciliées (fig. 1, 2, 5, 8, *o. Sp.*). Squamules 2 (fig. 8, *Sch.*), ovales-lancéolées; ovaire glabre; stigmates plumeux, sortant pendant l'anthèse vers la base de la fleur (Voir la figure identique 3 sur la planche du ray-grass d'Italie). Pendant l'anthèse il s'ouvre d'ordinaire deux fleurs à la fois. Les étamines et les stigmates sortent *latéralement* d'entre les deux glumelles, et par le poids des anthères les filets ténus qui les portent sont réfléchis en dehors à angle droit, de sorte que les anthères pendent vers le bas et se trouvent ainsi bien au-dessous des stigmates; mais comme, en outre, elles s'ouvrent d'abord par leur sommet organique, soit par l'extrémité inférieure de l'anthère pendante, pour laisser sortir par là le pollen, il leur est impossible de féconder les stigmates de la fleur à laquelle elles appartiennent, et leur pollen se porte sur ceux des fleurs situées plus bas et dans d'autres épillets: il y a donc fécondation croisée.*) Caryopse renfermé dans les glumelles (faux-fruit), long d'environ 7 mm et large de 1,5 mm. A la maturité l'axe de l'épillet se désarticule en fragments, qui restent attachés aux fruits sous forme d'un petit tronçon comprimé, à sommet coupé net, dressé contre la glumelle supérieure (fig. 5 *Ac A*). Le caryopse, étant dépouillé des glumelles (fig. 6. 7), se montre d'un jaune-brunâtre et d'un tiers plus court que la glumelle *inférieure*. Il est convexe sur le dos, à la base duquel se trouve l'embryon, concave sur la face ventrale, rétréci à la base et arrondi au sommet.

Description botanique.

Variétés. Les botanistes distinguent plusieurs variétés de cette espèce d'ivraie et les agriculteurs anglais en reconnaissent beaucoup aussi dans la plante cultivée; mais ni les unes ni les autres ne sont fondées sur des différences bien constantes. Dans le commerce des graines il ne se présente généralement que deux sortes: le « ray-grass anglais ordinaire » *(Lolium perenne)* et le « ray-grass anglais de Pacey » *(L. perenne tenue)*, cette dernière étant la plus chère. A la culture nous n'y avons pu constater aucune différence, et, selon nos observations, elle consiste uniquement dans la qualité de la semence. Celle qui est pesante et la meilleure se vend habituellement sous le nom de ray-grass de Pacey, tandis que la semence légère et inférieure passe pour appartenir au ray-grass ordinaire. C'est pourquoi, en achetant le premier, ce n'est pas la variété qu'on paie plus cher, mais seulement une graine de meilleure qualité.

Variétés.

Habitat, climat, sol, engrais. Le ray-grass anglais se rencontre à l'état sauvage en Europe: dans les pays de l'Europe centrale, méridionale et orientale ainsi que dans l'Angleterre et l'Ir-

Distribution géographique.

*) Voir *Godron*, l. c.

lande et dans la Scandinavie jusque dans le sud de la Lapponie; en Afrique, dans l'Algérie et l'île de Madère; en Asie, dans le Caucase et dans la Géorgie; il n'est pas indigène dans l'Amérique du Nord, et les Etats-unis l'ont reçu de l'Angleterre, mais il se retrouve dans les îles Malouines ou Falkland, près de l'extrémité de l'Amérique du Sud.

Stations. Chez nous on le voit partout au bord des chemins et à la lisière de champs, dans les prés et les pâturages, et surtout en des endroits qui sont piétinés fréquemment, comme des places de villages, des cours de fermes, etc.

Limites d'altitude. En Angleterre il se trouve jusqu'à la hauteur de 350 m.; dans les Alpes bavaroises il monte jusqu'à 750 m.; dans le canton de Glaris, selon Heer, jusqu'à environ 1500 m.

Climat. Dans les situations froides il souffre parfois de la rigueur des hivers, sans pourtant en devenir la victime. S'il est dans un sol un peu compacte, il n'est guère incommodé non plus par la sécheresse; et ce qui le prouve déjà, c'est qu'en faisant, dans une année sèche, un nouveau semis de sa graine mélangée de celles d'autres graminées, ce sont ces dernières qui souvent périssent, tandis que le ray-grass anglais, parce qu'il gazonne fort, résiste très-bien à la sécheresse. C'est l'humidité des climats maritimes, de l'Angleterre et du littoral de la mer du Nord, qui lui convient le mieux, surtout s'il y végète dans une bonne terre argileuse.

Sol. Les sols d'argile et de limon, frais ou humides et riches en humus, lui sont les plus propices. Cependant il peut aussi être cultivé dans des sables limoneux ou des limons sableux, s'ils sont suffisamment frais et en bon état de fumure, ainsi que dans des terrains de marne et de calcaire frais. Il réussit non moins bien dans le bon terreau, drainé et pas trop meuble; mais il ne s'accommode point d'une terre de bruyère ou d'un sable sec et brûlant. Il exige, en général que son terrain soit assez frais et consistant ou compacte, et il peut même se cultiver sur l'argile la plus pesante, pourvu qu'elle soit bien drainée.

Epuisement du sol. D'après un calcul de *Wolff,* *) déjà ancien, une récolte de 100 livres de foin de ray-grass anglais enlève au sol les quantités suivantes de:

Azote . . .	$18._9$ %	Chaux . . .	$10._6$ %
Acide phosphorique .	$10._0$ %	Magnésie . . .	$2._4$ %
Potasse . . .	$39._3$ %	Acide sulfurique .	$6._0$ %
Soude . . .	$1._3$ %	Silice. . . .	$29._7$ %

Engrais. Le lisier est très-avantageux pour le ray-grass d'Angleterre ainsi que pour celui d'Italie, qui sont, de toutes nos plantes cultivées, celles qui profitent le plus de cet engrais liquide.

Il a été récolté par *Wollny:*

sur un hectare non fumé	20 quintaux de foin
sur un hectare arrosé de 75 hectolitres de lisier	55 » » »

Il est clair que l'engrais améliore aussi la qualité du fourrage.

D'après des expériences faites en Angleterre par Stevenson et rapportées par *Pinkert,***) le salpêtre du Chili a rendu de bons services dans des terres argileuses. Avec $1^2/_3$ de quintal par acre on doubla la récolte du foin et l'on obtint des résultats plus favorables encore en production de semence.

Irrigation. Les irrigations sont aussi propices à cette culture, pourvu que l'eau ait un écoulement convenable; quant à l'eau stagnante, elle est absolument contraire à cette graminée.

*) Dr. *Emil Wolff:* Aschenanalysen von landwirthschaftlichen Produkten. Berlin, 1871.
**) Friedr. Aug. *Pinkert:* Die einträglichsten Futtergräser und Futtergewürzkräuter. Berlin, 1871.

Végétation, rendement, valeur fourragère. Le ray-grass anglais talle très-fort et forme un gazon épais et serré, qui ne laisse point pousser la mauvaise herbe. Il supporte très-bien d'être fréquemment brouté ou arraché à la main. Il ne craint pas non plus d'être piétiné et le tallage n'en fait qu'augmenter. C'est pourquoi il rend le plus comme plante à pâturer, tandis que comme plante à faucher il compte dans les herbes basses. Végétation.

D'après les essais de *Karmrodt*, le plus fort rendement est celui de la première année après le semis. C'est ainsi qu'il a obtenu de l'hectare: Développement.

dans la première année, de deux coupes un total de	. .	136	quintaux
» deuxième » trois » »	. .	209	»
» troisième » trois » »	. .	188	»
» quatrième » quatre » »	. .	133	»

La première coupe est toujours la plus productive.

La fenaison doit se faire de bonne heure, avant la fleur, sans quoi les chaumes durcissent et perdent de leur qualité nutritive. Chez nous la plante fleurit pour la première fois du commencement au milieu de juin; cependant elle pousse encore de nombreuses tiges une deuxième et une troisième fois, lesquelles fleurissent jusqu'en septembre. Récolte.

Le rendement varie considérablement d'après les conditions météorologiques et la nature du sol ainsi que d'après la fumure et la préparation de la terre. Rendement.

Sur un sol fertile de limon sableux *Pinkert* obtint 40 quintaux par hectare, tandis que *Kielmann* ne retira que moins de 36 quintaux de la même superficie.

Sur un limon fertile *Sinclair* a récolté:

	par hectare		par arpent	
	Produit vert.	Produit sec.	Produit vert.	Produit sec.
le 16 avril . . .	91	--	33	—
à la floraison . . .	175	76	63	27
Regain	76	--	27	—

Vianne a eu, en deux coupes, sur une argile douce et riche, 133 quintaux de foin par hectare. Pour *Karmrodt* le rendement moyen de quatre ans a été de 166 quintaux. *Werner* estime que le produit moyen d'un hectare est de 88 quintaux de foin. 100 livres d'herbe donnent de 25 à $42^{1}/_{2}$ livres de foin, en moyenne $33^{1}/_{2}$ livres.

En tant que plante fauchable le ray-grass anglais est donc notablement inférieur à d'autres graminées, mais, en revanche il l'emporte beaucoup sur celles-ci comme plante de pâture.

Au printemps, il ne faut pas trop tarder de le faire pâturer, car aussitôt qu'il a poussé ses chaumes, il n'est plus aussi volontiers brouté par le bétail: celui-ci laisse les tiges, et tout l'été elles restent à se faner sur le pâturage, dont la valeur est ainsi beaucoup amoindrie. Pâturage.

D'après *Wolff* 100 livres de foin contiennent: Valeur fourragère.

Matière organique $79._{2}$ %

en laquelle se trouvent:

Albumine	$10._{2}$	dont la partie assimilable est de			$5._{1}$ %
Fibre végétale	$30._{2}$	»	»	»	$35._{3}$ »
Substances extractives non azotées .	$36._{1}$				
Graisse	$2._{7}$	»	»	»	$0._{8}$ »

Proportion des éléments nutritifs 1 : $7._{3}$.

Il en résulte que la valeur nutritive du ray-grass anglais est un peu inférieure à celle d'un foin de prairies de moyenne qualité. Afin de le rendre plus savoureux pour le bétail, ce qui est nécessaire surtout quand il est trop mûr, on conseille de le hacher et de le lui servir mêlé avec un autre fourrage sec ou quelque fourrage intensif (tourteaux, etc.).

Récolte. **Récolte, impuretés et falsifications de la semence.** Le ray-grass anglais porte beaucoup de graine et il n'est rien moins que difficile de la recueillir. Ordinairement on prend celle de la deuxième coupe, vu qu'ainsi la production fourragère souffre moins de préjudice. Comme les graines tombent très-facilement, il convient de saisir le juste moment de les récolter, sans quoi il s'en perd une grande quantité. Il faut, par conséquent, ne pas attendre de couper les plantes jusqu'à ce que les fruits en soient devenus bruns et durs, mais procéder à leur récolte quand ils commencent à passer à la consistance coriace. Cela a lieu environ quatre semaines après la floraison. Alors les chaumes sont encore verts, et il n'y a que les feuilles inférieures qui vont se faner, pendant que les glumelles qui renferment le caryopse se colorent en jaune verdâtre. Arrivées à ce point, les plantes dont on veut avoir la graine sont coupées avec la faux armée en andains, qu'on laisse reposer un ou deux jours, pour ensuite les retourner le matin par la rosée. Cependant on peut aussi lier les plantes en petites bottes peu serrées, et, afin de les laisser sécher et mûrir tout à fait, les dresser en rangées ou en moyettes. Dans le premier cas la récolte reste sur le pré deux ou trois jours, et dans le second un peu plus longtemps; après quoi on l'amène à la ferme dans des voitures doublées de toiles, pour être battue sans délai, soit à la main ou à la machine. Souvent on se borne, pendant le déchargement, à battre les plantes avec la fourche et à les secouer pour faire tomber la graine; mais ce procédé n'est pas économique, parce que le foin en retient toujours une quantité plus ou moins grande, qui est perdue comme semence. Lorsque celle-ci est bien mûre, il est mieux d'en faire le battage au pré même et de la recueillir sur une toile. Mais, comme qu'elle ait été obtenue, il importe de la nettoyer aussitôt, au tarare et au crible, et de l'étaler en couche mince; car, mise en tas, elle s'échaufferait, au grand détriment de sa faculté germinative.

Rendement. *Sprengel* admet qu'un hectare peut fournir 12 quintaux de semence. *Pinkert* en retira 16 quintaux d'un limon sableux très-fertile, et d'autres prétendent avoir récolté jusqu'à 20 et 24 quintaux. A Hohenheim on a eu d'une terre médiocre 8 quintaux, et 16 quintaux d'un champ bien fumé. *Werner* reconnaît, comme produit moyen de l'hectare, 6 à 8 quintaux de semence et 47 à 63 quintaux de foin.

Commerce. La semence du commerce provient généralement de l'Ecosse et de l'Angleterre, où le ray-grass est cultivé sur une grande échelle. Elle est ramassée par des marchands de Glascow, de Londres, etc., nettoyée une seconde fois et assortie en diverses qualités. On s'applique surtout à en ôter les graines de la houlque laineuse *(Holcus lanatus, L.)*, du brome doux *(Bromus mollis, L.)*, de la fétuque faux-brome *(Festuca bromoides, L.)*, qui sont vendues à part, celles de la dernière espèce sous le faux nom de « Chiendent officinal » *(Triticum repens, L.)*. Quant à la semence même de ray-grass, elle est divisée en plusieurs sortes commerciales, d'après la pesanteur, la pureté et la capacité germinative. Afin de faire comprendre ce qu'il en est, nous présentons ici un tableau comparatif de nos essais d'un assortiment de quatre qualités de cette graine, mis en vente par une maison de Glascow.

	I. qualité.	II. qualité.	III. qualité.	IV. qualité.
Elles avaient en grains purs . . .	$96._{0}$ %	$91._{1}$ %	$82._{6}$ %	$32._{5}$ %
desquels ont germé	73 »	53 »	34 »	10 »
La marchandise avait donc en grains purs et capables de germer . . .	$70._{7}$ »	$48._{3}$ »	$28._{1}$ »	$3._{3}$ »
Le prix en était par 100 kilos . . fr.	51. 80	47. 50	30. —	18. 50
d'après quoi le kilo de semence pure et capable de germer coûte . fr.	0. 73	0. 98	1. 07	5. 61

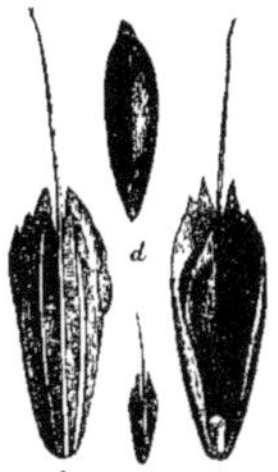

Par conséquent, la marchandise la moins chère (IV) est 8 fois trop chère comparativement à la première qualité, quoique les 100 kilos de la marchandise brute coûtent près de 3 fois moins.

Fig. 13. Brome doux. *Bromus mollis*, L. *a.* Faux-fruit, gr. nat.; *b.* le même grossi, vu du côté externe; *c.* le même grossi, vu du côté interne; *d.* caryopse, grossi (d'après Nobbe).

Comme les meilleurs qualités ont aussi, en général, le poids le plus fort, c'est le poids qui sert en Angleterre comme mesure de la valeur de la graine : par ex., on distingue de la marchandise à 30, à 28, à 24 livres, et l'on entend par là le poids du bushel (litres $36._{35}$) en livres anglaises (gr. $453._{6}$).

Fig. 14. Houlque laineuse. *Holcus lanatus*, L. *a.* Faux-fruit (épillet), grandeur nat.; *b.* le même grossi; *c.* épillet sans les glumes (d'après Nobbe).

Impuretés.

Nous venons de remarquer que les graines du brome doux (fig. 13), de la houlque laineuse (fig. 14) et de la fétuque faux-brome se trouvent d'ordinaire dans la semence du ray-grass anglais; mais nous y rencontrons très fréquemment aussi celles du plantain lancéolé (*Plantago lanceolata*, L.) des renoncules âcre et rampante (*Ranunculus acris*, L. et *repens*, L.), de la petite-oseille (*Rumex Acetosella*, L.) et de pareilles mauvaises herbes.

Falsifications.

A cause de son bas prix cette semence est peu exposée à être falsifiée. Il arrive tout au plus que les graines du brome doux, desquelles elle a été nettoyée d'un côté, soient vendues parfois ailleurs comme semence de ray-grass; mais c'est une fraude facile à découvrir. Il arrive plus souvent que c'est le ray-grass qui est mêlé à la graine de quelque graminée plus chère, comme celle de la fétuque des prés (*Festuca pratensis*, Huds.), ainsi que nous le verrons plus loin.

Qualité.

Semence et semis. Il résulte de plus de 250 essais faits par nous de la semence de ray-grass anglais qu'en moyenne sa pureté est de $94._{5}$ % et sa faculté germinative de 70 %. Mais on est en droit d'exiger d'une bonne marchandise 95 % de pureté et 75 % de faculté germinative. Un kilo de semence pure se compose, en moyenne, de 741,000 grains; la plus grosse et la plus lourde n'en contient souvent que 400,000, tandis qu'au contraire il se trouve aussi dans le commerce des qualités ayant un million de grains par kilo. Pour les semis il faut naturellement préférer toujours de la semence pesante. Le poids relatif, c'est-à-dire celui de l'hectolitre ou du bushel est, comme nous l'avons noté ci-dessus, tout aussi variable que le poids absolu. La semence la plus lourde pèse jusqu'à 40 kilos par hectolitre tandis que celle de la moindre qualité atteint à peine la moitié de ce poids.

Quantité.

La quantité de semence à employer, d'une marchandise à 71 %, est par hectare de 62 kilos ou de 4402 centièmes de kilo, et par arpent de 22 kilos ou 1562 centièmes de kilo. Le prix de détail d'une bonne sorte est de fr. $0._{80}$ à $1._{20}$, et partant la semence coûte, en moyenne, fr. 62 par hectare ou fr. 22 par arpent.

Mélanges. En agriculture le ray-grass ne se sème jamais seul ou pur. Nous avons observé ci-dessus que, pour former les excellents pâturages des terres d'alluvion du Nord de l'Allemagne, il s'emploie un mélange de trèfle blanc et de ray-grass, dans lequel la graminée domine et en constitue d'ordinaire jusqu'aux quatre cinquièmes. Mais quand il s'agit de fourrage fauchable, on en prend des proportions bien moindres, surtout pour les terres fortes. En associant le ray-grass à un trèfle on en met jusqu'à 20 %; mais dans les prairies temporaires ou artificielles on ne dépasse jamais 10 %, et dans les prairies permanentes ou naturelles il y en a rarement plus de 5 %. Cependant, à cause de son tallage si prompt et si dense, il ne devrait manquer dans aucun mélange destiné pour un bon sol.

Tapis de verdure. C'est la graminée la plus propre à établir ces tapis de verdure qui sont si fort à la mode et si bien soignés dans les jardins paysagers de l'Angleterre. A cet effet il est essentiel de n'employer que de la semence de la meilleure qualité, lourde et pure, et d'en prendre une quantité double de celle indiquée ci-dessus. Quand elle est mêlée de graines de houlque laineuse et de brome doux, ce qui est le cas des sortes inférieures, il en résulte des places grisâtres qui font tache dans le tapis. Pour avoir constamment un gazon d'un bel aspect, il importe aussi de le tondre fréquemment, et d'ailleurs il doit être rompu tous les deux ou trois ans et semé à neuf.

Explication des figures.

(Fig. A en grandeur naturelle, fig. 1—7 grossies 6 fois, fig. 9 et 10 environ 20 fois, fig. 11 environ 3 fois).

A. Plante entière, en fleurs.
Fig. 1. Epillet fleurissant, avec une partie du rachis de l'épi. (*Ae.-Sp.*)
» 2. Fleur enveloppée de ses glumelles, vue du côté interne ou de la glumelle supérieure.
» 3. » » » » » vue du côté externe ou de la glumelle inférieure.
» 4. Fruit enveloppé des glumelles (faux-fruit), vu du côté de la glumelle inférieure.
» 5. » » » » » vu du côté de la glumelle supérieure, avec un tronçon de l'axe de l'épillet. (*Ae.-A.*)
» 6. Caryopse vu sur la face ventrale.
» 7. » vu sur la face dorsale, avec l'embryon à sa base.
» 8. Diagramme d'un épillet. (*Ae.-Sp.* = rachis de l'épi).
» 9. Coupe transversale d'une feuille dans sa préfoliaison condupliquée (d'après Lund).
» 10. » » » » ouverte (d'après Lund).

II. Le ray-grass d'Italie.

Lolium italicum, Alex. Braun (*Lolium multiflorum*, Lmk).

Famille des Graminées.

Il est probable que la culture de cette graminée fourragère a commencé dans la Lombardie. Dénomination et Histoire. De là elle se répandit dans les autres pays de l'Europe, et, d'après cette origine, Alexandre *Braun* donna à la plante, en 1834, son nom actuel, qui l'a emporté sur ceux qu'elle avait précédemment. On la regardait autrefois comme une simple variété du ray-grass anglais, nommée *Lolium perenne* var. *aristatum*. *Burger* dans son ouvrage de l'Economie rurale de la Haute-Italie (1830 et 1851), traitant du ray-grass qui abonde dans les prairies irriguées de la Lombardie, l'avait appelé ray-grass anglais,

C. & L. Schröter ad. nat. del.

Lith. Genossenschaft Zürich.

Lolium perenne, L.

Englisches Raygras. — Ray-grass anglais.

et de là étaient résultées beaucoup d'erreurs et de contradictions. *Schwerz*, en 1837, dans son Agriculture pratique, ne connaît que le ray-grass anglais, et de même, en Angleterre, le célèbre George *Sinclair* (1826) ne fait encore aucune mention de celui d'Italie. Cependant, au commencement de ce siècle, il était cultivé à Hofwyl par *Fellenberg*, avec de la semence tirée d'Italie. En 1818, il le fut en France par *André Thouin*, mais cette culture n'y fut propagée que par *Mathieu de Dombasle*, qui avait reçu la semence de Hofwyl, en 1828. Vers 1840 il fut introduit par *Lawson* en Ecosse, d'où il passa bientôt en Angleterre. William *Dickinson*, qui le cultivait dès ce temps-là à Willisdon, et obtenait des récoltes prodigieuses, grâce à de copieux arrosages de lisier, contribua surtout à en faire apprécier les mérites: aussi la culture du ray-grass d'Italie se répandit-elle vite dans toutes les parties de l'Ecosse et de l'Angleterre, et aujourd'hui elle y est même devenue beaucoup plus importante que dans la Lombardie.

Valeur agricole.

Comme fourrage fauchable, le ray-grass d'Italie est la graminée qui occupe le premier rang, puisque c'est celle qui repousse le plus promptement et dont la culture intensive obtient les produits les plus abondants. Toutefois la durée de cette plante n'est pas longue, et en Ecosse on ne la tient guère qu'une année, mais ailleurs elle est, en général, exploitée pendant deux ans.

Description botanique.

Description botanique. Le ray-grass italien forme un gazon dense et fasciculé, peu étendu: cela vient de ce que ceux des articles de sa souche qui s'allongent, comme le fait le ray-grass anglais, restent plus courts et plus raides et sont moins ascendants que chez ce dernier (fig. A)*). Pousses latérales intra-vaginales; gaînes des feuilles inférieures rouges entre les nervures. Tiges ascendantes, hautes de 40 à 90 cm., rudes supérieurement. Feuilles à préfoliaison convolutée (fig. 10), d'un *vert pâle* (plus clair que chez le *Lolium perenne*) et *luisantes*, surtout en dessous, ce qui se remarque le mieux dans une grande prairie agitée du vent. Elles sont ordinairement un peu plus larges et plus molles que celles du ray-grass anglais, et, comme celles-ci, rudes et sillonnées en dessus. Inflorescence en épi composé de nombreux épillets (jusqu'à 28), et par là d'une longueur plus grande que chez le *L. perenne*, allant souvent jusqu'à 30 cm. La disposition des épillets et leur direction, si caractéristiques du genre *Lolium*, sont identiques à celles du *L. perenne*. Il en est de même des glumes: ordinairement il manque l'inférieure, celle qui serait intérieure par rapport au rachis de l'épi; mais chez des plantes très développées, il s'en trouve un rudiment sous forme d'une foliole bifide (comme chez l'ivraie enivrante ou *Lolium temulentum*, L.). Epillets ordinairement 9—20 flores, rarement 3—5 flores (fig. 1 et 2). Glume supérieure, la seule qui existe, plus *courte* que la glumelle inférieure contiguë ou la dépassant à peine; à 7 nervures; le plus souvent un peu moins longue que la moitié de l'épillet (fig. 1, 2, *o. Kl.*) Glumelle inférieure à 5 nervures, émettant ordinairement au-dessous de son sommet bifide une arête plus ou moins longue, qui manque souvent dans les fleurs inférieures de l'épillet (fig. 1, 2, 4—7, *u. Sp.*). Glumelle supérieure, bi-carénée, à carènes ciliées (fig. 1, 2, 3, 5, 7, *o. Sp.*). Squamules, étamines et ovaire identiques à ceux du *L. perenne* (fig. 3.). A la maturité l'axe, de l'épillet se tronçonne comme chez le ray-grass anglais, mais ce qui distingue celui d'Italie c'est que le rachis de l'épi devient aussi très *fragile*. Le fruit mûr reste enveloppé des glumelles, (fig. 6 et 7), et la longueur du faux-fruit, avec l'arête, est de 13 mm. Caryopse de même structure que celui du *L. perenne*, mais moins court, atteignant les trois quarts de la longueur de la glumelle inférieure.

Variétés.

Variétés. A côté de la forme *aristée* ordinaire, type normal de l'espèce, il s'en présente une çà et là dont les fleurs sont dénuées d'arêtes *(Lolium muticum, D C.)*, et qui se distingue aussitôt du ray-grass anglais à ses feuilles *enroulées* avant leur complet développement. Au point de vue agricole les deux variétés sont de même valeur.

Distribution géographique.

Habitat, climat, sol, engrais. Le ray-grass d'Italie n'est indigène que dans la France, la Belgique, l'Allemagne, la Suisse, l'Espagne, l'Italie, la Dalmatie, la Croatie, la Turquie et la Grèce. Il ne se rencontre pas en Amérique. La culture l'a répandu sur tout le continent européen, jusque dans le Danemark et la Scandinavie méridionale, ainsi que dans la Grande-Bretagne. Il est surtout très-abondant dans les prairies irriguées de la Lombardie.

---

*) Sous les climats plus chauds que le nôtre, le *Lolium italicum* s'épuise plus vite, et ordinairement il devient alors *annuel* (Döll). A cette variété appartiennent le *Lolium Boucheanum*, Kunth, et la plante du canton de Vaud donnée par Gremli (*Excursions-Flora der Schweiz*, 4e édition) sous le nom de *L. multiflorum*, Lmk., ainsi que le *L. multiflorum* de Gaudin (*Flora helvetica*, t. I. p. 354).

Stations. On le retrouve souvent à l'état sub-spontané, ordinairement aux bords des fossés et des chemins, dans des endroits trempés de fumier.

Limites d'altitude. Il a été cultivé dans l'Engadine jusqu'à la hauteur den 1710 m. (Bevers) et à Flims à 1100 m.

Climat. Quoique la plante soit d'origine méridionale, il ne faudrait pas croire qu'elle ne supporte pas les hivers de l'Europe moyenne et septentrionale. L'expérience a prouvé depuis longtemps que le ray-grass d'Italie résiste parfaitement aux hivers et que ce n'est que dans les sols très-ameublis qu'il est sujet à se déchausser pendant la saison froide; mais c'est là un inconvénient qui peut s'éviter au moyen d'un bon roulage ou, dans certains cas, par une couverture de fumier long de ferme, faite en automne. Comme pour toutes les graminées, le roulage rend au printemps de bons services et ne devrait jamais être négligé. Il est vrai que celle-ci prospère le plus dans les contrées propres à la viticulture, pourvu qu'elle y ait le terrain qui lui convient; mais c'est justement en Ecosse et dans d'autres pays où il ne se produit pas de vin, qu'on obtient les plus belles récoltes de ray-grass d'Italie. Il résiste fort bien à la sécheresse, si le sol est profond.

Sol. Il réussit le mieux dans un sol chaud et moite, notamment dans les marnes riches en humus, dans les bonnes terres franches et les sols calcaires, ainsi que dans les sables limoneux moites. Mais ce n'est que dans un terrain très-fertile qu'il se développe amplement et donne de grandes récoltes. Il prospère aussi dans une argile adoucie par l'humus ou le calcaire, pourvu que le sous-sol soit perméable, tandis qu'il ne s'accommode guère d'une argile compacte et n'y donne qu'un produit médiocre. Un sable maigre lui convient également peu, ainsi que tout sol trop sec. Cependant, d'après *Sprengel,**) il peut aussi être cultivé sur la terre bruyère, si elle est marnée fortement et a reçu une bonne dose de fumier de ferme.

Epuisement du sol. 1000 kilos de ray-grass d'Italie enlèvent au sol les quantités suivantes de:

Azote	20.8 %	Chaux	6.0 %
Acide phosphorique .	3.8 »	Magnésie . . .	1.3 »
Potasse . . .	7.5 »	Acide sulfurique . .	1.7 »
Soude	3.4 »	Silice	35.5 »

D'après les recherches de *Karmrodt,* le ray-grass d'Italie prend moins de substances minérales que le ray-grass anglais, mais en revanche plus d'azote.

Engrais. Aucune graminée ne se montre autant que celle-ci reconnaissante de la fumure qu'on lui sert. C'est surtout l'engrais liquide, le lisier, qu'elle rend avec usure. Grâce à ce moyen, le cultivateur écossais *Dickinson,* duquel il a été parlé ci-dessus, faisait, dans certaines années, jusqu'à huit ou neuf coupes de ray-grass d'Italie, sur un sol argileux bien drainé et ayant aussi de l'argile pour sous-sol. Il récoltait ainsi un total de 5100 quintaux d'herbe ou de 1000 quintaux de foin par hectare (360 quintaux par arpent), pendant que le produit moyen de sept coupes était de 3500 quintaux d'herbe ou de 700 quintaux de foin par hectare (252 quintaux par arpent). Quant à la valeur fourragère, il l'estimait égale à celle du meilleur trèfle. D'autres cultivateurs de l'Ecosse ont obtenu par le moyen de l'engrais liquide des résultats semblables, bien qu'un peu moins magnifiques. *Hartstein***) a décrit d'une manière détaillée comme, dans ce pays-là, cet engrais est distribué mécaniquement aux cultures par un système

*) Dr. *Karl Sprengel:* Meine Erfahrungen im Gebiete der allgemeinen und speziellen Pflanzenkultur. II. Bd. Leipzig, 1850.

**) Dr. *Eduard Hartstein:* Die flüssige Düngung und das italienische Raygrass. Bonn, 1859. Voyez aussi *Henri Welter:* De la préparation, de la conservation et de l'emploi des engrais liquides. Mémoire couronné par la Société d'Agriculture de la Suisse romande et publié dans son *Bulletin,* tom. VI et VII (1865 et 1866).

de tuyaux et de pompes, qui se pratique de plus en plus et de l'invention duquel date une ère nouvelle de prospérité agricole.

Les urines sont prises dans les étables par des canaux qui les amènent dans un réservoir où, après avoir subi la fermentation, elles sont étendues d'eau de deux ou trois fois leur volume. Ordinairement il existe deux réservoirs, qui reçoivent alternativement l'un le lisier fermenté et l'autre l'urine fraîche. Du réservoir partent des conduits de fer, enterrés à deux ou deux pieds et demi de profondeur, qui aboutissent aux champs, sous la superficie desquels ils se ramifient au loin. A ce réseau de tuyaux sont adaptés çà et là des tubes verticaux, qui s'élèvent au-dessus du sol, et auxquels on visse des boyaux garnis d'une lance, par laquelle chaque champ est arrosé de la quantité voulue de lisier. Quant à la force motrice qui le chasse dans les tuyaux et jusque dans les boyaux de distribution, c'est ou celle de la vapeur ou celle de la pesanteur même du liquide, s'il s'agit de terrains en pente. Nonobstant les frais d'établissement très-considérables, l'on obtient d'un tel système de fumure des résultats avantageux. Après chaque coupe, le champ est arrosé de lisier préparé comme nous venons de le noter, dans la proportion de 600 à 750 hectolitres par hectare ; mais souvent le sol est d'abord poudré de guano, qui pénètre dans la terre avec l'engrais liquide. En en employant, dans la grande culture, jusqu'à 27 quintaux, l'on a pu obtenir annuellement des rendements moyens de 580 quintaux de foin par hectare (210 quintaux par arpent). Sans guano, le produit moyen de l'hectare n'était plus que de 400 quintaux de foin (144 quintaux par arpent). Vu le prix actuel du guano, il faut songer à le remplacer, pour cet usage, par quelqu'autre engrais, comme, par ex., le salpêtre du Chili, la poudre d'os superphosphatée, le sulfate d'ammoniaque, seuls ou mélangés.

A Hofwyl, Emmanuel de *Fellenberg* se trouvait en mesure de faire 8 coupes, en administrant le lisier à ses prés, non pas au moyen de tuyaux souterrains, mais par le simple tonneau d'arrosage usité en Suisse. Il ne faut pas que cet engrais soit trop concentré, et l'on obtient les meilleurs résultats en arrosant souvent avec un lisier fortement étendu d'eau.

Dans les expositions chaudes et les terres légères le ray-grass d'Italie profite beaucoup d'être abondamment fourni d'eau, ainsi que le montrent les prairies irriguées de la Lombardie, dont l'herbe consiste en sept dixièmes de cette graminée. Une telle prairie, nommée *marcita,* est arrosée toute l'année, et l'on y fait cinq ou six coupes, ou même parfois jusqu'à huit. C'est aux environs de Milan qu'on peut le mieux étudier le mode d'irrigation des Lombards. Mais leur sol aussi se prête on ne peut mieux à ce procédé de culture : fait d'un sable limoneux et riche en humus, il est perméable et chaud, et la douceur du climat en augmente encore la fécondité. Irrigation.

Végétation, rendement, valeur fourragère. Le ray-grass d'Italie émet beaucoup de pousses latérales, consistant en fascicules stériles de feuilles et formant de grosses touffes, qu'il est nécessaire quelquefois de réduire par le rouleau au niveau général du gazon. Végétation.

Il n'est pas de graminée qui se développe aussi vite après le semis et continue de végéter aussi fort que celle-ci. *Fulton* rapporte, d'après Werner, qu'en Angleterre on l'a vue grandir par jour de 48 millimètres sous l'influence d'une fumure de purin. Il n'est pas rare, dans les prairies irriguées, que, trois semaines après une coupe, l'herbe atteigne de nouveau une hauteur de 40 à 50 centimètres. *Dickinson* en venait à faire une coupe abondante toutes les trois à six semaines, le temps variant d'après la saison et le régime atmosphérique. Lorsque le semis se fait en août, le produit de l'année suivante est le plus abondant, mais, s'il a lieu au printemps, il arrive parfois que c'est déjà la première année qui rend davantage. Développement.

Karmrodt a obtenu d'un hectare :

dans la première année :	184	quintaux de foin	
» deuxième	»	184	»
» troisième	»	160	»
» quatrième	»	164	»

Il arrive généralement que dans la troisième année de l'exploitation les touffes s'amincissent beaucoup, et il convient donc de rompre le pré à la fin de la deuxième année.

Récolte. Cette graminée pousse de bonne heure au printemps et continue de le faire jusqu'à la fin de l'automne. Dans la Lombardie et en Angleterre on fauche déjà en mars et, dans l'arrière-saison, jusqu'en décembre. Chez nous la première floraison se fait à la fin de mai et au commencement de juin, et, après avoir été fauchée, la plante donne de nouvelles pousses qui fleurissent jusqu'en automne. La première coupe est, en général, la plus productive, mais les suivantes ne lui sont guère inférieures. Il faut avoir soin de toujours faucher avant la fleur, sans quoi les chaumes durcissent, et le fourrage en devient moins savoureux et moins nutritif.

Rendement. Les chiffres donnés pour le rendement du ray-grass d'Italie varient énormément En voici quelques-uns, précédés des noms de ceux qui les ont obtenus :

Lord Essex :	400	quintaux de foin par hectare	ou	144	quintaux par arpent.
Marquis d'Ailsa :	400—500	»	»	144—180	»
J. Finnie :	165	»	»	59	»
Ralston :	768	»	»	276	»
A. B. Telfer :	700—900	»	»	252—324	»
Rob. Neilson :	520—640	»	»	187—230	»
Dickinson, en moyenne, comme ç'a été noté ci-dessus :	700	»	»	252	»

Voilà les résultats obtenus en Ecosse avec l'engrais liquide distribué de la manière que nous venons de décrire.

Sur le continent les rendements ont été, en général, beaucoup moindres. *Pinkert* et *Nathusius :* 60 quintaux de foin par hectare ou 22 par arpent, en deux coupes seulement.

Karmrodt :	128 quintaux par hectare	ou	46	quintaux par arpent
le pasteur *Thieme :*	218 »	»	77	»
le directeur *Stecher :*	302 »	»	109	»

En France, d'après les expériences de différents cultivateurs, rapportées par *Vianne*, le produit moyen a été de 650 quintaux de foin par hectare ou 234 quintaux par arpent.

Les rendements plus élevés ne sont atteints qu'au prix d'une riche fumure, comme notamment du lisier, pendant que sur les sols indigents la récolte est pauvre aussi.

Valeur fourragère. Quant à la qualité nutritive de ce fourrage, elle est supérieure à celle du ray-grass anglais, comme c'est prouvé par le tableau suivant :

D'après Emile Wolff 100 livres de foin contiennent :

Matière organique . . . . $77._{9}$ %

composée de :

Albumine (Azote $\times$ $6._{25}$) . .	$11._{2}$ %	dont la partie assimilable est de	$7._{1}$ %
Fibre végétale	$22._{0}$ »	} » »	$41._{5}$ »
Substances extractives non azotées	$40._{6}$ »		
Graisse	$3._{2}$ »	» »	$1._{4}$ »

Proportion des éléments nutritifs 1 : $6._{3}$

Récolte. **Récolte, impuretés et falsification de la semence.** De même que le ray-grass anglais, celui d'Italie donne de la semence en grande quantité ; et comme elle est assez facile à récolter, il est avantageux d'en tirer parti. Chez nous, ainsi qu'on le fait du ray-grass anglais, on prend cette semence de la deuxième coupe ; mais en Ecosse, on retire déjà celle de la première, et, dans les étés chauds, on peut en avoir deux récoltes du même champ. Cependant, avec la semence de la première coupe, on risque qu'il ne survienne des gelées tardives, pendant la floraison ou peu auparavant, lesquelles compromettent la faculté germinative des grains récoltés alors : aussi dans les années ainsi frappées, la meilleure semence s'obtient-elle toujours de la deuxième coupe. Pour ce qui concerne l'époque de la maturité, la récolte et le battage, nous renvoyons aux instructions données pour le ray-grass anglais. Il faut observer toutefois que la semence de celui d'Italie tombe encore plus facilement que celle de l'autre, à cause de la fragilité de l'axe de l'épi ; c'est pourquoi, si la récolte se fait sans précautions, il peut s'en perdre la moitié. Pour obtenir aisément cette semence, il n'est pas nécessaire que le champ soit uniquement en ray-grass d'Italie, parce qu'il n'y a aucune difficulté de la retirer avantageusement d'un mélange de cette graminée avec du trèfle rouge.

Pinkert, dans une culture faite en lignes, a eu de l'hectare 16 à 20 quintaux de semence, et 14 quintaux (5 quintaux par arpent) comme produit accessoire d'une troisième année. D'après *Sprengel*, le rendement est pareil à celui du ray-grass anglais, et *Werner* admet, en moyenne, une récolte de $6^{2}/_{3}$ à $8^{4}/_{3}$ de quintaux par hectare ou de 240 à 320 ℔ par arpent. Rendement.

En fait d'impuretés, il se rencontre ici les graines des mêmes mauvaises herbes que nous avons indiquées pour le ray-grass anglais : celles des renoncules âcre et rampante (*Ranunculus acris*, L. et *R. repens*, L.), du plantain lancéolé (*Plantago lanceolata*, L.), de la petite-oseille (*Rumex Acetosella*, L.), de la fétuque faux-brome (*Festuca bromoides*, L.), du brome doux (*Bromus mollis*, L.), ainsi que celle du trèfle jaune (*Trifolium filiforme*, L.), etc. Impuretés.

En raison de son bas prix, cette semence n'est guère sujette à être sophistiquée. Notons cependant qu'il se rencontre parfois dans le commerce, sous le nom de « ray-grass d'Ecosse », des mélanges de ray-grass italien et anglais et qui prennent ce nom si une moitié des grains est aristée, tandis que l'autre n'a point d'arête à la glumelle inférieure. Falsifications.

Semence et semis. Dans la semence du commerce nous avons trouvé pour la pureté, comme moyenne de 233 essais, le taux de $92._{2}$ %, et pour la faculté germinative, comme moyenne de 241 essais, celui de 59 %. Mais une bonne marchandise doit présenter, en général, une pureté de 95 % et une faculté germinative de 70 % ; cette dernière diminue assez vite dans la semence conservée un certain temps. Un kilo de semence parfaitement pure contient 627,000 grains, d'après nos recherches qui ont porté sur 213 échantillons. Le poids moyen de l'hectolitre des bonnes sortes est de 20 kilos ; mais le commerce en offre aussi qui ont à peine la moitié de ce poids et qui consistent, pour la plus grande partie, en fruits vides, soit en glumelles dont le caryopse est avorté. A défaut d'autres moyens de déterminer la qualité de la semence, les Anglais, aussi pour le ray-grass d'Italie, ont recours à cet effet au poids du bushel ou boisseau. Ainsi une marchandise, dont nous avons en mains le prospectus, est offerte en ces termes : Qualité.

Semence nouvelle de ray-grass d'Italie	14 ℔	16 ℔	18 ℔	20 ℔ par bushel
Prix en francs par 100 kilos . .	51	54	58	$62^{1}/_{2}$

Brut pour net. Franco bord Anvers. Traite à 30 jours.

La semence que la Suisse reçoit du commerce provient le plus souvent d'Ecosse et quelquefois d'Italie ; mais celle de ce dernier pays est en général beaucoup moins pure que l'autre et d'ailleurs d'une qualité inférieure.

Quantité. Dans les cas où l'on met uniquement du ray-grass, la quantité de semence est, d'une marchandise à 67 %, de 55 kilos ou 3685 centièmes de kilo par hectare, soit de 20 kilos ou 1340 centièmes de kilo par arpent. Le prix d'une marchandise de première qualité étant de fr. 0. 80 à 1. 20, la dépense revient donc en moyenne à fr. 55 par hectare ou à fr. 20 par arpent.

Semis. Nous avons remarqué précédemment que le ray-grass d'Italie est très-souvent semé pur, s'il s'agit d'une exploitation de deux ans, et alors la culture intensive en obtient des résultats considérables. Cependant, les Anglais ne laissent pas d'y mêler quelquefois environ 10 ℔ de graine de trèfle rouge par hectare. Il a été aussi recommandé de lui faire jouer dans les mélanges le rôle de la céréale dans laquelle se sème un fourrage, en additionnant le mélange, en sus de la quantité ordinaire, de 12 à 20 kilos de ray-grass d'Italie, par hectare. Mais on ne saurait assez déconseiller de faire ainsi, car, ajouté au mélange en une telle quantité, il se développe si abondamment la première et la deuxième année, que les autres graminées en sont étouffées. Et, lorsque dans la troisième année il n'y a plus de ray-grass, les autres herbes ont disparu également, et l'on se voit obligé de rompre le pré. C'est justement à cause de ce gazonnement si touffu, qui ne permet pas que d'autres plantes végètent auprès de lui, qu'il sert à détruire la prêle des champs (*Equisetum arvense*, L.) et de semblables mauvaises herbes, que leurs racines vivaces rendent difficiles à extirper. Sur le conseil de Vilmorin, un *M. de Morignon* ensemença, en 1853, de ray-grass d'Italie une pièce de terre qui était tout infestée de cette prêle : dès l'année suivante celle-ci avait diminué considérablement et en 1855 il n'en restait plus rien (Pinkert).

Mélanges. Par la même raison, il importe de ne pas mettre plus de 5 % de ray-grass d'Italie dans les mélanges destinés pour des prairies temporaires. Ceux où il entre pour plus de 10 % sont à rejeter. Dans les sols légers et chauds, il est avantageux de le semer en août en mélange avec le *trèfle incarnat*, et, au mois de mai suivant, il donnera une coupe abondante. Après quoi le pré est rompu immédiatement, parce que ce trèfle ne repousse plus, s'il a été fauché au moment de la fleur. Mais c'est à d'autres trèfles que notre graminée s'associe d'ordinaire. Là où le trèfle rouge seul ne réussit pas toujours, on le voit prospérer en mélange avec elle. Dans un terrain fertile de qualité moyenne on prend avec le trèfle environ 10 % de ray-grass ; mais plus le sol est médiocre et pauvre plus doit être grande la proportion qui s'en met, sans pourtant aller jamais au-delà de 50 pour 100. Toutefois, avec un mélange de trèfle et de ray-grass, il y a cet inconvénient que la graminée croît plus vite et a déjà des chaumes plus ou moins durcis lorsque la légumineuse ne fait que commencer à se développer. C'est pourquoi, dans ces derniers temps, on a pris de plus en plus l'habitude de mettre un peu moins de ray-grass d'Italie et d'y substituer proportionnellement d'autres graminées, telle que la fléole des prés, le fromental, le dactyle aggloméré, et de là est venu l'usage de faire des mélanges composés, qui sont préférables, pour les exploitations de plusieurs années, à l'association du trèfle avec une seule graminée.

Le ray-grass d'Italie végétant très-vite, il est souvent employé pour combler les vides dans les cultures de trèfle, de luzerne ou d'esparcette. Pour cela, le sol est d'abord ameubli à la herse, puis ensemencé et enfin soumis à un roulage. En cas de besoin, on peut enfouir les graines par un hersage, avant de faire passer le rouleau.

Lolium italicum, Al. Br.

Italienisches Raygras — Ray-grass italien.

C. & L. Schröter ad. nat. del. — Lith. Genossenschaft Zürich.

Époque des semis.

Lorsque le ray-grass d'Italie se sème pur, on le fait souvent au mois d'août et au commencement de septembre ; c'est là l'époque qui convient le mieux, pourvu que l'hiver soit clément et que le semis ne soit pas fait dans une céréale. Mais si l'on veut semer dans le blé, il est préférable que ce soit au printemps. Avec le blé d'été les deux semis se font simultanément, et pour le blé d'hiver on ajoute le ray-grass en avril ou au plus tôt à la fin de mars. L'on a aussi essayé de semer ceux-ci ensemble en automne, mais il s'est trouvé que la graminée fourragère, en se développant plus vite, l'emportait sur le froment et en diminuait très-fort le produit.

Explication de la planche 2.

(Fig. A en grandeur naturelle; fig. 1 à 9 grossies 6 fois, fig. 10 environ 20 fois, fig. 11 environ 3 fois.)

Fig. A. Plante entière, en fleurs.
» 1. Epillet fleurissant, avec une partie du rachis de l'épi *(Ae. Sp.)*.
» 2. Epillet encore fermé.
» 3. Fleur avec la glumelle supérieure, vue du côté de la glumelle inférieure, après ablation de celle-ci.
» 4. Glumelles encore fermées, vues du côté de la glumelle inférieure.
» 5. » » » supérieure.
» 6. Fruit enveloppé des glumelles (faux-fruit), vu du côté de la glumelle inférieure.
» 7. » » » supérieure, avec un tronçon de l'axe de l'épillet *(Ae. A.)*.
» 8. Caryopse mûr vu sur la face dorsale.
» 9. » » ventrale.
» 10. Coupe d'une feuille dans la préfoliaison (d'après Lund).
» 11. Ligule.

III. Le dactyle aggloméré.

Dactylis glomerata, L.

Famille des Graminées.

Dénomination.

Le nom français sous lequel nous donnons ici cette graminée n'est autre que l'exacte traduction du nom botanique latin. On la connaît également sous celui de *dactyle pelotonné*. En allemand, elle a plusieurs noms vulgaires, et dans le canton de Berne on l'appelle aussi « fromental des Alpes » pour la distinguer du fromental ordinaire, avec lequel cependant il est impossible de la confondre; mais il résulte parfois des malentendus d'une désignation si peu naturelle, et il serait bon d'y renoncer.

Histoire.

En Suisse, E. de Fellenberg a été le premier par qui cette plante fourragère ait été cultivée en grand. Le rapport d'une Commission fédérale*) nous apprend qu'en 1808 dix arpents s'en trouvaient ensemencés chez lui avec de la graine ramassée sur les terres de Hofwyl. Ce n'est que vers 1860 qu'on a commencé d'en importer chez nous la semence du Dauphiné. Dans les premières années de ce siècle elle était cultivée en Angleterre, sur une grande échelle, par Coke, à Norfolk.

*) Bericht an S. Excell. den Herrn Landammann und an die hohe Tagsatzung der XIX verbündeten Stände der Schweiz über die landwirthschaftlichen Anstalten des Herrn Emmanuel *Fellenberg* zu Hofwyl. Zürich, 1808. Seite 72.

Valeur agricole. Schwerz*) regarde le dactyle comme la plus avantageuse de toutes les plantes fauchables. C'est une herbe haute, croissant vite et mûrissant d'assez bonne heure, à tiges élevées et fortes, à feuilles longues, épaisses et succulentes. Après une première coupe, surtout si elle végète dans une terre profonde et riche, elle prend un développement énorme et les feuilles atteignent souvent une longueur de passé deux pieds. C'est sans doute à cause de cette ampleur de feuillage qu'elle supporte parfaitement d'être ombragée, et, par conséquent, se prête très-bien à la culture dans les vergers ou auprès des bâtiments de la ferme. Elle ne convient guère pour le pâturage, à la fois parce que, étant fort-touffue à la base, son gazonnement forme des coussins très-compacts, et que, grâce à la hauteur et à la fermeté des tiges, le bétail qui les broute arrache facilement toute la plante.

Description botanique. **Description botanique.** Le dactyle aggloméré forme des touffes compactes, un peu élevées au-dessus du sol et composées de pousses robustes, comprimées et divergentes ordinairement. Pousses latérales intravaginales, semblables à des stolons; *sans* articles de la souche qui soient allongés. Gaînes des feuilles radicales brunes, très-fermes et persistant longtemps, dans lesquelles les pousses latérales sont comme emboîtées à la manière de lames d'éventail (fig. A). Tiges de 45 à 90 centimètres, fortes lisses, dressées. Feuilles à préfoliaison pliée, par quoi les jeunes pousses se montrent comprimées ou à deux tranchants (fig. 11). Limbe allongé, étroit, glabre, rude, présentant une *carène* même après s'être bien déplié, faiblement sillonné en-dessus (fig. 12). Gaîne *entière*, rude de bas en haut; on observe le mieux qu'elle est entière sur une coupe transversale du haut des jeunes pousses (fig. 11); mais sur les feuilles garnissant une tige allongée, la gaîne a été ordinairement fendue au sommet par le développement de celle-ci. Ligule assez longue, plus ou moins déchirée (fig. 10). Inflorescence en panicule unilatérale, composée d'épillets nombreux et rapprochés ou *agglomérés* en fascicules compactes, les fascicules supérieurs presque sessiles, les autres portés sur des rameaux courts, raides et scabres (fig. *A*). Epillets 3 à 4-flores, comprimés latéralement, arqués-concaves (fig. 5). Glumes 2, courtes, carénées, acuminées; l'inférieure (fig. 1, 9 *u. Kl.*) 1 à 3-nerviée, à carène glabre, la supérieure (fig. 1, 9, *o. Kl.*) 3 à 5-nerviée, à carène ciliée. Glumelles 2, l'inférieure (fig. 1, 2, 4, 5, 9, *u. Sp.*) 5-nerviée, carénée supérieurement, émettant au sommet une arête courte, ciliée de poils raides sur la carène et ordinairement finement pubescente; la supérieure (fig. 1 à 3, 6, 9, *o. Sp.*) bicarénée, bidentée au sommet, à carènes finement ciliées. Fleur consistant en 2 squamules (fig. 3, 9, *Sch.*), courtes, ovales, bilobées, 3 étamines (fig. 3, 9, *Stg.*) et un ovaire (fig. 3, *Frkn.*) allongé, glabre, à 2 stigmates plumeux. Les phénomènes de l'anthèse sont les mêmes que chez le ray-grass anglais.

A la maturité, les fruits enveloppés des glumelles se détachent des glumes et se séparent, mais restant souvent unis deux à deux (fig. 4). Ces faux-fruits, qui mesurent 5 à 6 mm. sans l'arête et 8 à 9 avec elle, sont très-comprimés latéralement, à sommet recourbé sur le côté (fig. 5, 6), et de la base de la glumelle supérieure s'élève une sorte de pédicelle assez fort, aplati en haut, qui est un tronçon de l'axe de l'épillet (fig. 6, *Ac. A.*). Caryopse (fig. 7, 8) libre, oblong, à face ventrale un peu concave (fig. 7); embryon très-petit.

Distribution géographique. **Habitat, climat, sol, engrais.** Le dactyle aggloméré est indigène dans toute l'*Europe*, à l'exception de la Laponie et de la Russie arctique; en *Afrique*, dans l'Algérie, les Canaries et l'île de Madère; en *Asie*, dans le Caucase et le désert de Sinaï, ainsi que dans la Sibérie (Oural et Altaï). Introduit dans l'Amérique du nord.

Stations. Cette graminée est très-commune chez nous, dans les prairies bien fumées, dans les lieux herbeux, parmi les buissons, à la lisière et dans les clairières des bois, aux bords des champs et des chemins.

Limites d'altitude. Dans les Alpes il monte jusqu'à près de 2000 m. (De Candolle, Heer); dans l'Espagne jusqu'à 3000 m. (Boissier).

Climat. A cause de sa souche fibreuse, très-rameuse et descendant profondément, le dactyle n'est guère sensible à la sécheresse, pourvu qu'il soit placé dans une terre assez

*) J. N. v. *Schwerz:* Anleitung zum praktischen Ackerbau. I. Band. Stuttgart und Tübingen, 1837.

profonde. D'après *Sprengel,* il pénètre jusqu'à deux pieds de profondeur. Mais il peut se trouver très-mal d'être pâturé pendant une forte sécheresse. Bien qu'il soit insensible à la froidure de l'hiver, il est souvent gravement éprouvé par les gelées tardives.

Cette plante réussit presque dans tous les sols, à l'exception des sables arides et de la terre de bruyère. Elle acquiert son plus beau développement dans les terres franches et les argiles fraîches et en bon état de fumure, ainsi que dans les bons terreaux et les marnes argileuses ou limoneuses. Elle peut aussi être cultivée avec succès dans des terres sableuses de bonne qualité, si tant est qu'elles aient quelque fraîcheur, ou dans des sols calcaires qui ne sont pas trop chauds; mais le produit qu'on en retire là n'est pas considérable. Généralement elle prospère mieux dans les terres humides et lourdes que dans celles qui sont sèches et légères. On peut même trouver du profit à la cultiver dans une argile compacte, humide et froide. Sol.

D'après Wolff, 1000 % de foin enlèvent du sol: Épuisement du sol.

Azote	$18._3$ %	Magnésie	$1._5$ %
Acide phosphorique . .	$3._7$ »	Chaux	$3._1$ »
Potasse	$16._8$ »	Acide sulfurique . .	$1._3$ »
Soude	$2._2$ »	Silice	$16._8$ »

Le dactyle se plaît dans une terre bien fumée, et l'on obtient de la fumure qu'on lui donne un grand bénéfice, si ce fourrage est semé en mélange avec les graminées propres à lui être associées. Il est aussi fort avantageux de le mettre en prairies irriguées, dans lesquelles la plante atteint souvent un mètre ou plus de hauteur. Engrais.

Végétation, rendement, valeur fourragère. Le dactyle aggloméré talle très-fort, mais il ne gazonne pas largement et se réduit à former des touffes fasciculées basses et compactes. Aussi, semé seul, ne produit-il pas un gazon consistant. Dans la première année du semis il se développe médiocrement, en ne poussant que peu de tiges et d'autant plus de feuilles. Ce n'est que la deuxième année qui le met en plein rapport. Au printemps il entre en végétation de très-bonne heure et la floraison se fait de la fin de mai au commencement de juin. Mais il faut autant que possible faucher *avant* la fleur, sans quoi le fourrage contracte une dureté qui ne le fait pas accepter volontiers du bétail. Comme le dactyle constitue chez nous la partie principale des meilleures prairies, c'est sur lui qu'on se règle, en divers endroits, pour fixer l'époque de la fenaison. Dans les terres fertiles « il recroît sous la faux », comme on dit vulgairement. Son herbe, qui repousse vite après la coupe, est d'abord vert-pâle, et se distingue des autres graminées par cette couleur et la promptitude de la végétation. Après chacune des coupes il se reproduit moins de tiges, mais en revanche beaucoup de faisceaux de longues feuilles radicales, qui donnent un excellent fourrage, tant vert que sec. De toutes les graminées celle-ci fournit peut-être le regain le plus substantiel. Végétation. Développement. Récolte.

Sinclair a obtenu d'un limon sableux riche les produits suivants: Rendement.

	par hectare vert	par hectare sec	par arpent vert	par arpent sec
au 15 avril . . .	57 quint.	—	21 quint.	—
à la fleur . . .	156 »	66 quint.	56 »	24 quint.
Regain . . .	67 »	—	24 »	—

Pinkert a eu 80 quintaux de foin par hectare; *Vianne*, dans un terrain fertile, léger et humide, 354 quintaux. — 100 % d'herbe ont donné à la fleur 42 à 43 % de foin.

Valeur fourragère.

100 livres de foin, coupé à la fleur, contiennent :

	d'après Way	d'après Ritthausen et Scheven	d'après Collier
Albumine	11.6 %	7.5 %	7.2 %
Fibre ligneuse	28.0 »	40.5 »	21.4 »
Substances extractives non azotées	38.0 »	33.3 »	46.0 »
Graisse	2.7 »	1.0 »	3.0 »

Une analyse, faite à Zurich, de foin récolté sur le pré de l'hôpital et venant d'une deuxième coupe, qui consistait surtout en feuilles, a donné :

Albumine (Azote × 6.25)	10.2 % *)
Fibre végétale	25.2 »
Substances extractives non azotées	38.0 »
Graisse	3.0 »

Nous ne connaissons pas d'expériences relatives au degré de digestibilité de ces matières. — Des chiffres donnés ci-dessus il appert que la deuxième coupe est la plus riche en albumine et en graisse, pendant qu'elle n'a que peu de fibre ligneuse.

Récolte.

Récolte, impuretés et falsifications de la semence. Dans les circonstances actuelles, il n'y a peut-être pas de graminée où la production de la semence soit aussi profitable que chez celle-ci, si tant est qu'on la pratique d'une manière entendue. Il faut prendre la semence de la première coupe, parce que pour la deuxième les tiges ne poussent qu'en petit nombre et ne mûrissent pas leurs graines. La maturité arrive à la fin de juillet ; elle est au point convenable, lorsque les tiges commencent à jaunir sous la panicule et que celle-ci est devenue elle-même jaune-paille, pendant que les caryopses renfermés dans leurs glumelles ont pris une consistance coriace. Si l'on prend bien garde à ces signes, il ne se perd pas de graines pendant la récolte, car elles ne tombent facilement qu'en étant près d'être plus que mûres. La récolte peut se pratiquer de la même manière que celle du blé, si l'on a affaire à un semis de dactyle pur. Les tiges sont coupées à la faux et on les laisse sécher pendant plusieurs jours, en les retournant une fois, et après cela on les lie en petites gerbes. Mais si l'on appréhende que la dessiccation ne soit contrariée par la pluie, les plantes, après s'être ressuyées suffisamment, sont ramassées en gerbes et celles-ci dressées en moyettes çà et là dans le champ. De cette façon, la pluie ne pourra nuire, tandis que, si les plantes restent couchées sur le sol, elles prennent une fausse couleur et perdent beaucoup en qualité.

Ceux qui vouent à cette production des soins particuliers cultivent le dactyle en lignes écartées de 30 à 40 centimètres et, à la maturité de la graine, ils le coupent avec la faucille ; les javelles sont liées en petites bottes et celles-ci portées à la ferme, en un local bien aéré mais couvert, où elles sont étendues en travers sur des perches disposées horizontalement et dans lesquelles l'air peut passer en plein. Par ce procédé la semence est mise à même de parfaire au mieux sa maturité et de gagner toutes les qualités d'une première sorte.

Dans le Dauphiné, d'où vient la plus grande partie de la semence employée chez nous, elle se récolte de la même manière que celle du fromental. A la maturité,

*) Total de l'azote : 1.627 %, en lequel la quantité d'azote non combiné dans la substance protéique est de 0.170 %, dans du foin avec 14 % d'eau. — *O. Kellner* a trouvé dans du dactyle de deuxième année, le 14 avril, avec une hauteur de 15 cm., un total d'azote de 5.091 %, en lequel l'azote non combiné dans l'albumine était de 1.306 % ; le 23 mai, avec une hauteur de 55 cm., un total de 2.553 %, en lequel l'azote non combiné dans l'albumine était de 0.452 % ; tous ces chiffres calculés en matière sèche (Voyez *Wolff* : Neue Beiträge zur Ernährung der landw. Nutzthiere. Berlin, 1880).

l'on coupe dans les prés les panicules de la plante, avec un bout de tige long de 40 à 50 centimètres, et l'on en fait de petites bottes, qui sont laissées en grandes moyettes le temps nécessaire à la graine pour finir de mûrir. Il est fait du foin de ce qui reste après l'enlèvement des panicules. De même que pour le fromental, la semence obtenue ainsi est toujours très-impure, parce qu'elle provient rarement de prés ne portant que du dactyle. Il est vrai que ces ingrédients étrangers ne sont pas de mauvaise nature, car ils se composent généralement de bonnes graines (de fétuque des prés, de fromental, d'avoine jaunâtre), en partie d'éléments morts (balles) et en petite proportion seulement de graines soit de petite valeur soit de mauvaises herbes. C'est ce qui ressort des données suivantes :

Dans l'exercice de 1881 à 82, il a été examiné, à notre Station de contrôle des semences, cinquante-trois échantillons de graine de dactyle provenant du Dauphiné, lesquels ont présenté en moyenne la composition que voici :

Graines pures	66.9 %	84.5 % bonnes graines
Fétuque des prés	12.0 »	
Avoine jaunâtre et pâturins	3.2 »	
Fromental	1.9 »	
Bromes (surtout le brome dressé)	2.3 »	
Brize tremblante, trèfle jaune, céréales, etc.	0.8 »	
Petites graines de mauvaises herbes	2.6 »	
Balles	10.3 »	
	100.0 %	

La graine de dactyle obtenue en grande culture est toujours d'une pureté plus grande. Pour l'avoir telle, il n'est pourtant pas nécessaire d'avoir recours à des semis purs ; mais, on peut faire une semaille de dactyle mélangé à différents trèfles et augmenter ainsi le produit en fourrage, tout en gagnant une semence de bonne qualité. Toutefois il faut avoir soin de ne pas mettre trop de trèfle. Dans la Hesse et dans les pays voisins, on tire cette semence de plantes cueillies dans des forêts peu épaisses de hêtres ou de chênes, mais elle est en général de qualité moindre que celle du Dauphiné. Le battage se fait à la main ou à la machine et ne présente aucune difficulté.

Pinkert a obtenu 12 quintaux de semence par hectare, et *Werner* en estime le produit à 12 à 15 hectolitres, ceux-ci du poids de 19 à 20 kilos, soit de 4½ à 6 quintaux. Rendement.

Les impuretés les plus communes sont, comme nous venons de le noter, les graines de fétuque des prés et, en moindre quantité, celles du fromental, de l'avoine jaunâtre, etc. ; mais la valeur de la marchandise n'en est pas diminuée, parce qu'elles sont de bonne qualité et même plus chères ordinairement que la semence du dactyle. Ce qui lui est préjudiciable surtout ce sont les graines de bromes et de mauvaises herbes : ces dernières consistent principalement, comme chez le fromental, en Composées à petites semences (espèces de *Crepis*, *Chrysanthemum*, *Senecio*, *Lapsana*, *Hypochœris*, *Leontodon*, *Hieracium*) avec lesquelles se rencontrent aussi des gaillets, quelques Ombellifères, etc. Au moyen de la machine à nettoyer la semence des graminées fourragères, dont il sera question au sujet de celle du fromental, il est possible de séparer la plus grande partie de ces ingrédients étrangers, nuisibles ou du moins sans valeur. Voici le relevé de notre examen d'une semence de dactyle nettoyée avec cet appareil : Impuretés.

	Semence non nettoyée.		Semence nettoyée.	
Graines pures	63.8 %	bonnes graines 86.5 %	86.5 %	bonnes graines 97.8 %
Fétuque des prés	14.2 »		10.7 »	
Avoine jaunâtre et pâturins	5.9 »		0.3 »	
Fromental	2.6 »		0.3 »	
Bromes	1.6 »		1.1 »	
Trèfle jaune, brize tremblante, céréales, etc.	0.9 »		—	
Petites graines de mauvaises herbes	0.9 »		—	
Balles	10.1 »		1.1 »	

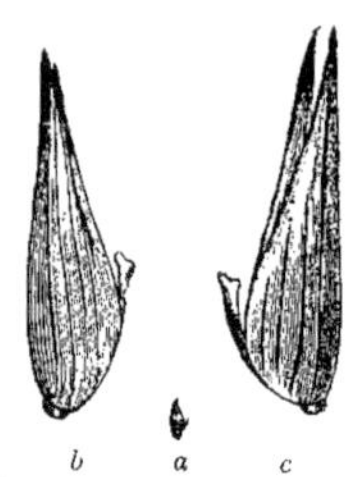

Fig. 15.
Molinia cærulea, Mœnch.
Faux-fruits vus latéralement.
a. Grandeur naturelle.
b. *c*. Grossis 8 fois.

Falsifications. Dans ces derniers temps, les falsifications par d'autres graines sont devenues plus rares qu'autrefois. A cet effet, on emploie surtout la fétuque durette (*Festuca duriuscula*, L.) et la molinie bleue (*Molinia cærulea*, Mœnch). Mais cette fétuque se distingue du dactyle en ce que le fruit enveloppé de ses glumelles est d'une nuance plus brune et par un dos arrondi et non caréné ; quant à la molinie (fig. 15), les glumelles y sont brunes aussi, la supérieure toujours mutique et l'inférieure un peu plus longue que celle-ci et plus renflée que chez le dactyle, pendant que le caryopse est plus court et plus épais, surtout à la base.

Qualité de la semence. **Semence et semis.** Des examens de 200 échantillons de semence de dactyle nous ont donné, en moyenne, pour la pureté 74.2 % et pour la faculté germinative 54 %. Mais une bonne marchandise moyenne devrait présenter une pureté de 75 % (85 % de bonnes graines) et une faculté germinative de 70 %, soit 52.5 % de graines pures et capables de germer. Le kilo de semence pure contient en moyenne 1,275,000 grains; par conséquent le kilo d'une marchandise à 52.5 % se compose, en nombre rond, de 670,000 grains. L'hectolitre pèse en moyenne 15 à 20 kilos.

Quantité de la semence. Avec une semence à 52.5 % la quantité moyenne qui s'emploie à l'hectare est de 40 kilos ou de 2120 centièmes de kilo, soit de 15 kilos ou de 795 centièmes de kilo pour l'arpent. Le prix moyen de la marchandise normale ou prise comme type étant de fr. 1. 50, le coût de la semence est de fr. 60 par hectare ou de fr. 22. 50 par arpent, prix relativement assez bas.

Mélanges. A cause du caractère particulier de sa végétation fasciculée, le dactyle, en tant que fourrage, ne doit pas être semé pur, mais en mélange avec d'autres graminées, dont l'expansion plus grande soit propre à remplir les vides entre les paquets de dactyle. Celles qui s'y prêtent le mieux sont le ray-grass anglais, le vulpin des prés et le timothy ou fléole des prés. Il n'est besoin de dire qu'on y ajoute un trèfle convenable, en quantité plus ou moins grande, suivant la nature du mélange. Le dactyle mérite d'être recommandé à la fois pour les mélanges de trèfle et de graminée et ceux qui se font à destination des prairies ou temporaires ou permanentes. Mais c'est dans les prairies temporaires, d'une durée de 3 à 6 ans, que la culture en est la plus avantageuse. Cependant si l'on emploie d'abord un mélange où il se trouve en trop forte proportion, il produit le même inconvénient qu'en semis pur, c'est-à-dire qu'il forme des coussins herbeux et par conséquent un gazon fort inégal. Il est donc mieux de commencer par ne mettre que peu de dactyle, et, après avoir laissé les autres graminées prendre leur premier développement, d'en semer encore quelque peu plus tard. Ce n'est que dans des cas exceptionnels qu'il faut en semer d'abord plus de 15 pour

C. & L. Schröter ad. nat. del.

Dactylis glomerata, L.
Knaulgras — Dactyle aggloméré.

Lith. Genossenschaft Zürich.

100. — Un bon roulage lui fait beaucoup de bien au printemps. Par cette opération ses paquets en saillie sont aplanis et réduits au niveau général du gazon. Dans des prairies anciennes et en bon état de fumure, il est souvent avantageux de donner au printemps un hersage qui, bien entendu, est suivi d'un roulage. Soins.

Au même genre appartiennent les deux graminées suivantes, qui ont été l'objet d'essais de culture :

1. le dactyle gazonnant ou herbe de Tussac (*Dactylis cæspitosa*, Forst.), espèce indigène des îles Falkland. Elle forme d'énormes coussins de gazon, hauts et larges, desquels sortent des tiges longues de 3 à 4 pieds; mais, suivant Lawson, les cultures qui en ont été faites en Europe n'ont pas donné des résultats satisfaisants. Espèces voisines.

2. le dactyle russe (*D. altaica*, Besser). Celui-ci acquiert une hauteur bien plus grande que le nôtre, mais lui est semblable d'ailleurs.

Explication de la planche 3.

Fig. A en grandeur naturelle; les fig. 1 à 8 grossies 6 fois, fig. 10 grossie 3 fois, fig. 11 et 12 gross. environ 15 fois.

Fig. A. Plante entière, en fleurs.
» 1. Epillet entier fleurissant.
» 2. Fleur avec ses deux glumelles.
» 3. Fleur sans la glumelle inférieure.
» 4. Deux fruits accolés et enveloppés de leurs glumelles (faux-fruits).
» 5. Les mêmes vus du côté du dos du faux-fruit supérieur.
» 6. Faux-fruit vu du côté de la glumelle supérieure, avec le tronçon de l'axe de l'épillet.
» 7. Caryopse vu sur la face ventrale.
» 8. » » dorsale.
» 9. Diagramme de l'épillet (sur la planche il manque le numéro de cette figure).
» 10. Ligule.
» 11. Coupe transversale d'une pousse fasciculée de feuilles (préfoliaison condupliquée, gaînes entières).
» 12. Coupe transversale d'une feuille.

IV. La Fétuque des prés.

Festuca elatior, L.

(Sous-espèce *pratensis* var. *genuina*, Hackel.)

Famille des Graminées.

L'espèce nommée par Linné Fétuque élevée (*Festuca elatior*) *) fut dédoublée après lui en celles de fétuque-roseau (*Festuca arundinacea*, Schreber) et de fétuque des prés (*Festuca pratensis*, Hudson). Dans sa monographie classique des Fétuques européennes, **) *Hackel* ne reconnaît à celles-ci que le rang de sous-espèces de l'ancienne espèce linnéenne, et en gardant d'ailleurs leurs noms spécifiques : *Festuca elatior* subsp. *pratensis* et *Festuca elatior* subsp. *arundinacea*. Botaniquement notre fétuque des prés n'est donc pas une espèce mais une sous-espèce, dont la variété *genuina* ou véritable est la forme ordinaire. Dénomination.

La fétuque des prés n'est entrée que récemment dans la grande culture, mais sa valeur comme fourrage était appréciée depuis longtemps. Ainsi, dès 1790, *Judtmann****) en reconnaissait l'excellence, Histoire.

*) *Species plantarum*, édit. 2, p. 111 (1762).
**) *Monographia Festucarum europæarum*. Cassel et Berlin, 1882.
***) D. *Judtmann*: Ueber den Wiesen- und Futterbau. Leipzig, 1790.

et, en 1818, *Mauke**) disait que c'était une des graminées les meilleures et les plus utiles. D'après *Sinclair***) la culture en fut essayée des Anglais à peu près en 1820. Mais, sur le continent, ce ne fut que vers 1850 que l'on commença de s'en occuper.

Valeur agricole.

C'est une de nos plus précieuses plantes à faucher et à pâturer, qui donne de riches produits d'un fourrage de bonne qualité. Étant de longue durée, elle ne devrait jamais manquer dans les prés établis sur les terres qui lui conviennent.

Description botanique.

Description botanique. La fétuque des prés est une graminée à souche gazonnante; les pousses latérales sont intra-vaginales et restent serrées contre les tiges qui les produisent et il est rare qu'elles sortent de bonne heure des gaînes par une fente longitudinale. Comme il n'y a point d'articles du rhizôme qui s'allongent, les touffes qu'elle forme sont toujours parfaitement unies et compactes. Les gaînes des feuilles inférieures sont à la base d'un rouge purpurin et brillant, et, en se desséchant, elles se décomposent en filaments bruns.

Tiges de 45 à 90 centimètres, lisses ou parfois un peu rudes sous la panicule. Feuilles à préfoliaison convolutive, à gaîne lisse et glabre, acuminées, finement striées en dessus, rudes aux bords de bas en haut (fig. 9). Ligule très-courte, tronquée, denticulée, présentant deux oreillettes latérales en forme de croissant (fig. 8). Inflorescence en panicule rameuse, étalée à la floraison, à rameaux inférieurs géminés, le plus faible portant 1 à 3 épillets; dans la sous-espèce de la fétuque-roseau il porte ordinairement 5 à 8 épillets. Épillets 7 à 8-flores (4 à 5-flores chez la fétuque-roseau), lancéolés, d'un vert blanchâtre. Glumes 2, courtes, à peu près de la longueur du tiers de l'épillet: l'inférieure plus petite, uninerviée (fig. 1, 7, *u. Kl.*); la supérieure trinerviée (fig. 1, 7, *o. Kl.*). Glumelles 2: l'inférieure (fig. 1, 3, 4, 7, *u. Sp.*) 5-nerviée, à bord blanc-scarieux, faiblement carénée, mutique; la supérieure (fig. 1, 4, 7, *o. Sp.*) un peu plus courte, bicarénée, à carènes scabres. Squamules 2 (fig. 2, 7, *Sch.*) aiguës, bifides. Ovaire (fig. 2, *Frkn.*) glabre, sillonné au sommet. Les phénomènes de l'anthèse sont les mêmes que chez le ray-grass anglais. A la maturité, tout l'épillet se désarticule en fruits enveloppés des glumelles et portant à la base de la glumelle supérieure un petit tronçon de l'axe de l'épillet (fig. 4, *Ac. A.*). Longueur du faux-fruit: 6 à 7 millimètres. Le caryopse même est adhérent aux glumelles, surtout à la supérieure; il est long de 3 millimètres, tronqué au sommet et rétréci à la base, à face ventrale canaliculée-concave et marquée d'une macule hilaire allongée (fig. 6, *H.*).

Variétés.

Variétés et sous-variétés. La fétuque des prés de nos cultures est déjà une variété, dite *genuina*, d'après la division de Hackel ci-dessus indiquée; mais on y distingue encore deux sous-variétés qui, agricolement, méritent d'être prises en considération. Ce sont: 1° la forme normale ou le type de la fétuque des prés, qui est pour les botanistes le *Festuca elatior*, L., subsp. *pratensis*, var. *genuina*, subvar. *typica*, Hackel; 2° la fétuque fausse-ivraie, *Festuca elatior*, L., subsp. *pratensis*, var. *genuina*, subvar. *pseudo-loliacea*, Hackel, qui se rencontre fréquemment aux bords des chemins. Celle-ci est une forme appauvrie, dont les chaumes sont ordinairement à rameaux solitaires et avec un seul épillet, comme dans la fétuque-ivraie; elle est aussi plus petite que l'autre, mais les deux sont d'ailleurs de propriétés égales. Nous estimons que ce n'est là qu'une forme produite par une station particulière, soit sur un terrain piétiné fortement, et qui, dans un sol ameubli, revient au type normal.

La fétuque-ivraie (*Festuca loliacea*, DC.) est un hybride entre la fétuque des prés et le ray-grass anglais, qui a une grappe spiciforme, rappelant celle de l'ivraie, à rameaux solitaires très-courts et portant un seul épillet. Elle n'est d'aucun intérêt pour la culture. — Il existe aussi des hybrides entre la fétuque des prés et le ray-grass d'Italie ainsi que la fétuque-géante (*Festuca gigantea*, Vill.), et ceux-ci non plus n'ont pas de valeur agricole.

Distribution géographique.

Habitat, climat, sol, engrais. La fétuque des prés est indigène presque dans toute l'*Europe:* elle se rencontre dans la Scandinavie, jusque dans la Laponie méridionale, mais est plus rare dans le midi; en *Asie:* dans le Caucase, la Géorgie, la Sibérie (Oural, Altaï, Baïkal, Dahourie). Introduite dans l'Amérique du nord seulement dans ces derniers temps.

Stations.

Chez nous, cette plante se trouve ordinairement dans les prairies fraîches, humides, mouillées ou mi-sèches, surtout sur les terres d'alluvion, le long des fossés ou des rivières, dans les vergers,

*) M. Joh. Gottl. *Mauke*: Grasbüchlein. Leipzig, 1818.
**) George *Sinclair*: *Hortus gramineus Woburnensis.* Deutsch von Friedr. Schmidt. Stuttgart u. Tübingen, 1826.

aux bords des chemins, et elle s'élève assez haut dans les Alpes, pourvu que la nature du sol lui convienne.

Limite d'altitude.

Nous l'avons observée dans les Alpes, en quantité, à l'altitude de 1500 m., au Schwefelberg, près de Plaffeyen (Fribourg), en des pâturages frais et riches en humus, et sur beaucoup de prés de nos montages elle est la graminée la plus abondante, comme au Gurnigel, à 1200 m. Dans les Alpes de la Bavière, elle monte jusqu'à 1440 m.; dans le Caucase, elle se trouve entre 400 et 1600 m.

Climat.

Si la plante est dans une situation bien appropriée à sa nature, elle ne souffre guère ni des froids de l'hiver ni des gelées tardives. Elle aime avant tout de la fraîcheur dans le sol et supporte même un assez fort degré d'humidité, sans laisser de végéter rigoureusement. Les lieux où elle prospère le plus sont ceux où elle a souvent et longtemps du brouillard et de la rosée, comme le voisinage des cours ou des nappes d'eau, les vallons enfoncés, certaines régions montagneuses, etc. La souche pénètre dans le sol assez profondément, et si, à cet égard, la plante est en bonne place, elle n'éprouve pas d'autre mal des sécheresses passagères que de rester maigre et petite. Mais ce qui lui est absolument contraire sont une terre et une exposition tout-à-fait sèches.

Sol.

La fétuque des prés réussit le mieux dans les terrains de limon, de marne ou d'argile, doux et riches en humus, si tant est qu'ils soient assez humides pour elle. On peut aussi la cultiver avec succès dans des sols sablonneux, frais ou pouvant être irrigués. Elle prospère également sur les sols calcaires qui ont quelque fraîcheur ainsi que dans les terreaux drainés. Mais elle ne donne aucun produit qui vaille dans les terrains qui sont secs et chauds ou maigres et de peu de profondeur.

Epuisement du sol.

Suivant *Witting*,*) 1000 ℔ de foin tirent du sol:

Azote	13.3 ℔ **)	Magnésie	3.9 ℔
Acide phosphorique .	7.4 »	Chaux	9.2 »
Potasse	25.6 »	Acide sulfurique . .	1.7 »
Soude	5.2 »	Silice	22.8 »

Engrais.

Cette graminée se plaisant dans les terres riches en humus, elle aime surtout celles qui sont imprégnées d'engrais depuis quelque temps, sans être en cela fort exigeante. Mais elle ne laisse pas de se trouver aussi fort bien de la fumure fraîche.

D'après des expériences de *Wollny* rapportées par Werner, deux parcelles égales dont l'une avait été engraissée de 75 hectolitres de lisier ont donné les produits suivants:

Parcelle fumée	267 quintaux d'herbe ou	67 quintaux de foin.
» non fumée . . .	90 » »	27 »

Il n'y a guère de graminée à laquelle l'irrigation soit aussi profitable qu'à celle-ci, et il importe donc de l'avoir en grande quantité dans les prairies irriguées.

Végétation.

Végétation, rendement, valeur fourragère. La fétuque des prés gazonne en touffes compactes et déprimées, desquelles s'élèvent, si la plante est dans une situation favorable, des chaumes hauts de 2 à 3 pieds et garnis de feuilles longues et larges. Mais si le sol est mauvais, s'il est maigre, sec et pauvre en humus, le tallage est beaucoup moindre, et les tiges restent basses, avec des feuilles courtes et étroites.

Développement.

Après la semaille, cette graminée se développe plus lentement que certaines autres, et elle ne donne ses plus grands produits que la deuxième et la troisième année. Ainsi *Vianne* a obtenu, en herbe et par hectare:

335 quintaux, la 1re année
650 » » 2e »

---

*) *Henneberg*: Journal für Landwirthschaft. 1857.
**) D'après Arendt, Wolff, Ritthausen et Scheven.

Au printemps elle commence à végéter de bonne heure et s'accroît promptement, de sorte que, si la terre est bonne et la saison favorable, l'on peut en avoir trois bonnes coupes. „Pour la précocité de son produit cette graminée vient immédiatement après le vulpin des prés" (Sinclair). Elle fleurit à la fin de mai et au commencement

Récolte. de juin, quelques jours plus tard que le fromental et le dactyle. Comme les fibres de la plante durcissent après la floraison, il importe de la couper auparavant, autant que possible. A la deuxième coupe le produit est moins abondant, parce qu'il ne s'est pas fait une repousse de tiges aussi nombreuses qu'elles étaient à la première.

Rendement. *Sprengel* estime que dans une bonne terre le rapport est de 100 quintaux de foin par hectare (36 quintaux par arpent). *Pinkert* a obtenu d'un limon doux et bien fumé, en deux coupes, 112 quintaux (40 par arpent), et *Vianne*, d'une terre franche, 137 quintaux (49 quintaux par arpent) la première année, et 235 quintaux (85 quintaux par arpent) dans la deuxième. *Sinclair* a récolté, sur un terrain tourbeux amendé avec de la cendre de houille, en quintaux :

	par hectare		par arpent	
	vert	sec	vert	sec
le 16 avril	56	—	20	—
à la fleur	76	36	27	13

Cette graminée se prête fort bien aussi au pâturage, et là aussi elle est d'un bon rapport. Aussi, en Angleterre et sur les terres d'alluvion du Nord de l'Allemagne entre-t-elle ordinairement dans les mélanges destinés pour les prés à pâturer.

Valeur fourragère. A en juger d'après les analyses suivantes, ce fourrage est d'une valeur nutritive considérable. En effet, 1000 % de foin contiennent d'après les analyses de :

	Ritthausen et Scheven	Wolff	Arendt *)	Collier **)
Matière organique . . .	$80._3$	$81._5$	$79._8$	$77._9$
laquelle consiste en :				
Albumine (Azote × $6._{25}$) . . .	$8._3$	$10._2$	$6._4$	$9._2$
Fibre ligneuse	$34._5$	$32._6$	—	$20._8$
Substances extractives non azotées	$34._9$	$36._9$	—	$45._1$
Graisse	$2._7$	$1._8$	$1._8$	$2._8$

Récolte. **Récolte, impuretés et falsifications de la semence.** La fétuque des prés donnant beaucoup de graine et celle-ci étant facile à récolter, il est profitable de s'occuper de cette production. Il faut prendre la semence sur la première coupe. Elle devient mûre à peu près à la fin de juillet, et on le reconnaît à la teinte brune prise par les glumelles. Les plantes sont coupées alors et traitées de la manière que nous avons vue pour le dactyle aggloméré.

Rendement. *Pinkert* a obtenu de l'hectare 16 quintaux de semence ($5^3/_4$ quintaux par arpent), et *Werner* compte que le produit est de $4^1/_2$ à $5^1/_4$ quintaux par hectare ou de 10 à 12 hectolitres à 22 kilos.

Impuretés et falsifications. La semence du commerce contient, en fait d'impuretés, très-souvent de la graine de ray-grass anglais, et, comme celle-ci est de moitié moins chère, elle y a été sans doute mêlée sciemment. Il n'est pas rare que la proportion qui s'en trouve est très-forte et qu'elle monte jusqu'à 50 % et même au-delà. Ces deux espèces de graines sont très-semblables extérieurement, et ce n'est que par une longue pratique qu'on apprend à les distinguer sûrement. Le seul caractère certain qui serve en cela réside dans le tronçon de l'axe de l'épillet qui, sous forme d'un petit pédicelle, persiste au devant de la glumelle supérieure du fruit. Chez la fétuque des prés il est ordinairement plus

*) Landw. Versuchsstationen. I. Band. Dresden, 1859.
**) Report of the commissioner of agriculture for the year 1879. Washington, 1880.

Festuca pratensis, Huds.

Wiesen-Schwingel — Fétuque des prés.

C. & L. Schröter ad. nat. del.

Lith. Genossenschaft Zürich

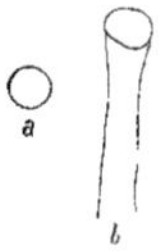

Fig. 16.
Pédicelle de *Festuca pratensis*, Huds.
Fétuque des prés.
a. Coupe transversale,
b. vue longitudinale, grossie.

long, un peu écarté de la glumelle, à coupe transversale circulaire, un peu atténué au milieu et épaissi au sommet (fig. 16); chez le ray-grass anglais, il est ordinairement plus court, appliqué à la glumelle, à coupe transversale elliptique, de grosseur égale dans toute sa longueur et à surface souvent striée (fig. 17). En outre, chez celui-ci la glumelle inférieure est ordinairement obtuse et plus aplatie, tandisque celle de la fétuque est souvent mucronée ou brièvement aristée.

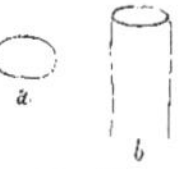

Fig. 17.
Pédicelle de *Lolium perenne*, L.
Ray-grass anglais.
a. Coupe transversale.
b. vue longitudinale, grossie.

Qualité de la semence.

Semence et semis. D'après la moyenne de 135 essais de la semence du commerce, la pureté en est de 82,1 % et la faculté germinative de 71 %. Mais une bonne marchandise doit présenter 95 % de pureté et au moins 75 % de faculté germinative. Un kilo de semence pure comporte 700,000 grains, de sorte que celle de première qualité en contient 500,000. 1000 grains pèsent en moyenne 1,13 grammes. L'hectolitre pèse de 16 à 22 kilos. La quantité de semence d'une marchandise à 71 % est, par hectare, de 60 kilos ou de 4260 centièmes de kilo et, par arpent, de 21 kilos ou 1491 centièmes de kilo. Comme le prix moyen du kilo est de fr. 2. 20, la semence revient à fr. 132 pour l'hectare ou à fr. 46. 20 pour l'arpent: elle est donc relativement assez chère. Mais la fétuque des prés, à moins d'être cultivée pour sa graine, n'est jamais semée pure, et s'emploie en mélange avec d'autres graminées. Comme elle n'est en plein rapport que la deuxième et la troisième année, elle n'est pas associable aux trèfles et ne vaut que dans les mélanges destinés pour les prés temporaires ou permanents. Pour les prairies irriguées et les prés permanents elle peut entrer dans les mélanges jusqu'à 20 % et au-delà; mais pour les prés temporaires il est rare qu'il s'en mette plus de 15 pour 100.

Quantité de la semence.

Mélanges.

Explication de la planche 4.

Fig. A en grandeur naturelle; fig. 1 à 6 grossies 6 fois, fig. 8 grossie 3 fois, fig. 9 grossie environ 12 fois.

Fig. A. Plante entière fleurissante.
» 1. Epillet fleurissant.
» 2. Fleur isolée.
» 3. Faux-fruit vu du côté de la glumelle inférieure.
» 4. » » » supérieure.
» 5. Caryopse vu du côté dorsal.
» 6. » » ventral.
» 7. Diagramme de l'épillet.
» 8. Ligule.
» 9. Coupe transversale du limbe de la feuille.

V. Le Fromental.

Avena elatior, L. ou *Arrhenatherum elatius*, Mertens et Koch.

Famille des Graminées.

Dénomination. Dans le Dauphiné et la France méridionale, qui sont les pays où cette graminée se cultive le plus, elle s'appelle Fromental, et ce nom est aussi en usage dans la Suisse allemande. Elle est encore connue sous ceux de Ray-grass français, d'Avenat, de Faux-froment ou de Faux-seigle, de Fenasse, de Pain-vin, d'Arrhénatère fausse-avoine, etc. Quant au nom botanique latin, il signifie avoine élevée.

Histoire. Le fromental était, dès le commencement et le milieu du siècle dernier, déjà cultivé dans le Dauphiné, aux environs de Genève et çà et là dans le canton de Berne. Alb. *Stapfer*,*) en 1762 et dans son mémoire couronné par la Société économique de Berne, le recommanda fort et souhaita que la culture en devînt générale. En 1790, *Judtmann* conseilla de le semer en mélange avec le trèfle rouge, l'esparcette et la luzerne. Plus tard il fut souvent loué outre mesure, entre autres par *Mauke*, *Hansen*, *Hannemann* et surtout par les Français qui, à ce que dit *Schwerz*, « le portaient aux nues ». Bientôt il fut déprécié autant qu'il avait été estimé, et dans l'ouvrage de *Hector* **) le fromental n'est pas même nommé.

Valeur agricole. Il est certain que c'est une de nos meilleures graminées fourragères. Associée à d'autres, elle constitue une herbe haute qui ne devrait manquer dans aucun mélange, pourvu qu'on ne le mette pas dans un sol trop humide. C'est notamment comme plante fauchable qu'elle est d'une grande importance, tandis qu'elle vaut moins pour le pâturage.

Description botanique. **Description botanique.** Le fromental est d'un gazonnement élargi et peu dense, parce que souvent ses pousses latérales, qui sont intra-vaginales, s'allongent un peu et deviennent ainsi de courts stolons. Tiges hautes de 6 à 12 décimètres, lisses, luisantes, dressées ou un peu ascendantes de la base. Feuilles: gaîne glabre, ligule courte et tronquée (fig. 13), limbe étroit et rude, finement strié en-dessus, à préfoliaison convolutée (fig. 12). Inflorescence en panicule rameuse (fig. A), dressée, multiflore, contractée avant l'anthèse, ensuite très-ouverte (fig. B), à épillets d'une vert blanchâtre, souvent nuancés de violet-brunâtre. Epillets bi-flores, la fleur inférieure mâle et aristée, la supérieure hermaphrodite et ordinairement sans arète (fig. 2, 11). Glumes 2, l'inférieure (fig. 1, 2, *u. Kl.*), uninerviée, plus étroite et plus courte que la supérieure, qui est trinerviée (fig. 1, 2, 11, *o. Kl.*). Glumelle inférieure de la fleur inférieure (fig. 1, 2, 6 à 8, 11, *u. Sp.*) émettant au-dessous du milieu du dos une arète allongée, tordue, genouillée inférieurement. Cette fleur est mâle, stérile, contenant avec les trois étamines un ovaire avorté, sans stigmates (fig. 5). Glumelle inférieure de la fleur supérieure ordinairement sans arète ou rarement garnie d'une arète, plus courte que celle de la fleur inférieure et presque terminale (fig. 6, *u. Sp.*). Cette fleur est hermaphrodite, fertile, contenant avec les trois étamines un ovaire bien développé et deux stigmates plumeux (fig. 3, 4). Glumelles supérieures bi-carénées, bifides au sommet. Squamules 2, existant dans les deux fleurs (fig. 3, 11, *Sch.*). Au-dessus de la fleur supérieure, l'axe de l'épillet se termine par une fleur rudimentaire, réduite à un pédicelle filiforme (fig. 8, *Ae. A.*). Les phénomènes de l'anthèse sont les mêmes que chez le ray-grass anglais. A la maturité, les deux fleurs de l'épillet et leurs glumelles restent ordinairement unies et tombent ensemble hors des glumes (fig. 6). Il en résulte que ce qui s'offre dans le commerce comme « semence de fromental » consiste en un fruit enveloppé de ses glumelles et auquel est accolée la paire de glumelles de la fleur stérile. Le fruit, débarassé de ces glumelles vides et restant enveloppé des siennes propres, se montre porté sur un court pédicelle poilu et ayant à coté de la glumelle supérieure le petit prolongement de l'axe de l'épillet (fig. 7, 8). Caryopse allongé, fusiforme, non sillonné, brièvement poilu au sommet, longuement rétréci à la base, où se trouve l'embryon (fig. 9, 10).

*) Abhandlungen und Beobachtungen durch die ökonomische Gesellschaft zu Bern gesammelt. Bern, 1762. Viertes Stück.

**) *J. Hector:* Lehrbuch des rationellen Wiesenbaues und der Weidewirthschaft. Berlin und Leipzig, 1876.

Variété. Il existe une variété du fromental qui s'appelle vulgairement Avoine ou Chiendent à chapelet ou à perles (*Arrhenatherum elatius*, var. *bulbosum*, Koch) et qui se rencontre notamment dans les sols frais, limoneux ou sableux, où elle constitue en beaucoup d'endroits une mauvaise herbe détestée. Les entrenœuds inférieurs de la tige sont très-courts, renflés en petits bulbes, au nombre de 2 à 5, et que séparent des étranglements formés par les nœuds. Ceux-ci sont souvent poilus. La plante est plus petite que l'autre, à feuilles plus courtes et paraissant être d'un vert plus clair. Il est erroné de croire que, dans une terre légère, le fromental ordinaire se change en cette variété et qu'au contraire, dans une terre forte, celle-ci revienne au type normal. Une telle dégénérescence n'a pas lieu, et l'avoine à chapelet se distingue plutôt par la propriété de maintenir son caractère au moyen de la semence. Variété

Habitat, climat, sol, engrais. Cette graminée est indigène dans toute l'*Europe*, jusque dans la Norvège méridionale, la Suède et la Finlande; en *Afrique*, dans l'Algérie et l'île de Madère; en *Asie*, dans le Caucase, la Géorgie, l'Arménie et le Talusche. Elle ne se rencontre pas dans l'*Amérique du Nord* ni dans l'*Australie*. Distribution géographique.

Chez nous le fromental se trouve à l'état sauvage dans les bons prés et pâturages, dans les lieux herbeux, parmi les broussailles et à la lisière de bois, dans les champs et les moissons, aux bords des chemins, etc. Stations.

Dans les Alpes bavaroises il monte jusqu'à l'altitude de 750 mètres, dans le Caucase à celle de 800 mètres, dans le Talusche à celle de 1000 mètres et enfin dans l'Arménie à celle de 1600 mètres. Limites d'altitude.

Grâce à une souche qui s'enracine profondément, le fromental prospère aussi dans les terrains secs, pourvu qu'ils soient profonds et pas trop compacts. Cependant, quelque propre qu'il soit à supporter la sécheresse, si ces terrains sont trop maigres, il reste malingre et n'est que d'un rapport médiocre. Mais c'est l'humidité qui lui est le plus contraire. Climat.

Il réussit le mieux dans un sable limoneux et frais, dans le limon, et dans les terrains frais de calcaire et de marne; toutefois il végète aussi très-bien dans les argiles douces, tandis qu'il ne s'accommode guère d'un sol tourbeux, surtout s'il est humide. Sol.

D'après les recherches d'*Arendt* 1000 kil. de foin enlèvent au sol: Épuisement du sol.

Azote . . .	$18._4$ kil.	Chaux . . .	$3._8$ kil.
Acide phosphorique	$5._0$ »	Silice . . .	$27._8$ »

Suivant les analyses de Wolff il se trouve, en moyenne, dans 1000 kil. de foin $17._8$ kil. d'azote, mais d'après les nôtres cette proportion n'est que de $15._2$ kilos.

Il est très-avantageux de servir au fromental une bonne fumure. *Wollny**), sur deux parcelles ensemencées de cette graminée, arrosa l'une d'elles seulement de 75 hectolitres de lisier par hectare, et obtint les résultats suivants: Engrais.

	Fourrage vert.	Foin en y comptant 14 % d'eau.
I. Parcelle fumée	368 q.	87 q.
II. » non fumée	226 »	72 »

Cette fumure de lisier a donc augmenté de 15 quintaux le rendement en foin. En évaluant à fr. 3 le prix du quintal de l'un et de l'autre de ces foins, on trouve que l'hectolitre de lisier a rapporté 60 centimes. En outre, le foin de la parcelle fumée était aussi plus nourrissant, vu qu'il contenait $9._7$% d'albumine, tandis que l'autre n'en avait que $7._3$%. Cet agronome obtint des résultats semblables en production de semence, ainsi que le montrent les chiffres suivants:

	Semence.	Paille.
d'une parcelle fumée	320 ℔	106 q.
» » non fumée	204 »	92 »

*) D'après *Werner*, l. c.

Végétation.

Végétation, rendement, valeur fourragère. Le fromental n'étant pas d'un gazonnement serré, le terrain en est recouvert d'une manière insuffisante. C'est pourquoi il ne faut le semer qu'en mélange avec d'autres graminées, par lesquelles tous les vides sont comblés. Après la semaille il se développe fort vite et donne déjà la première année un produit considérable; toutefois ce n'est que dans la deuxième qu'il rend le plus.

Développement.

Karmrodt a obtenu de l'hectare:

dans la	1re	année	147	quint.	de	foin
»	» 2e	»	347	»	»	»
»	» 3e	»	236	»	»	»
»	» 4e	»	171	»	»	»

Donc le produit, après avoir augmenté jusqu'à la deuxième année, ne fit que diminuer après ce maximum.

Récolte.

C'est une graminée précoce, fleurissant déjà au commencement de juin. Il faut autant que possible faucher avant la fleur, parce que les chaumes durcissent promptement après qu'elle est passée.

Rendement.

Dans un bon terrain elle se prête à trois ou quatre coupes, mais dans un médiocre elle n'en donne que deux. La première est la plus abondante, attendu qu'il n'en repousse pas de nouvelles tiges en aussi grande quantité.

Sinclair a obtenu d'un limon argileux les produits suivants:

	par hectare		par arpent	
	vert	sec	vert	sec
A la fleur	190 q.	71 q.	69 q.	26 q.
Regain	152 q.	—	55 q.	—

Pinkert, en deux coupes, a eu 144 quintaux par hectare, et *Karmrodt*, en moyenne de quatre ans, 226 quintaux. *Sprengel* estime le rendement à 200 quintaux. 100 % d'herbe donnent 32 % de foin.

Valeur fourragère.

D'après *Wolff* sa valeur fourragère est la suivante: 100 kil. de foin contiennent 75.8 % de matière organique, ainsi composée:

Albumine (Azote × 6,25) .	11.1 %	dont la partie assimilable est de	5.6 %
Fibre végétale	29.4 %	» » » » »	33.1 % (pour les deux lignes)
Substances extractives non azotées	32.6 %		
Graisse	2.7 %	» » » » »	0.8 %

Proportion des éléments nutritifs 1 : 6.3.

Ce fourrage a l'inconvénient d'être d'une saveur amère assez prononcée, qui fait que, surtout à l'état vert, il n'est pas mangé volontiers du bétail, s'il lui est servi pur. C'est pour cette raison déjà que le fromental devrait toujours être semé en mélange avec d'autres graminées ou des trèfles. Il est surtout avantageux comme foin, attendu que la dessication en est aisée et qu'il se conserve bien à l'état sec.

Récolte.

Récolte, impuretés et falsifications de la semence. Le fromental donnant beaucoup de semence, qui est facile à récolter et d'un prix élevé, il y a grand profit à s'occuper d'en produire. A cet effet les terres fortes conviennent moins que celles qui sont légères et chaudes. La semence se ramasse de la même manière que le blé. Lorsque les plantes sont mûres, on les coupe à la faux, et après qu'elles se sont ressuyées, on les lie en petites gerbes et les place en un endroit bien aéré, où s'achève la maturation et où elles sont laissées jusqu'au temps d'être battues. La semence est mûre au moment que les panicules commencent à revêtir une teinte jaunâtre et les grains à prendre une consistance coriace, ce qui arrive bientôt après qu'ils sont devenus laiteux à l'intérieur. Il est mieux de faucher trop tôt que trop tard, parce qu'en ce dernier cas la semence est sujette à tomber facilement. Si l'on coupe de bonne heure, pour, après le ressuyage, laisser la maturité se parfaire à la ferme, la semence ne peut que gagner à ce traitement. Dans le Dauphiné l'on ne tranche que la panicule, avec un bout de tige d'environ 40 centimètres, et, au moyen de quelques chaumes, on les lie en bottes de l'épaisseur du bras, qui sont réunies et dressées en grandes moyettes (fig. 8, p. 14); celles-ci restent au champ encore de dix à quinze jours, afin que la semence finisse de mûrir et que les plantes soient prêtes a être battues plus tard.

Pinkert a obtenu par hectare 20 quintaux de semence, et *Wollny* seulement de deux à trois. *Hannemann* et *Werner* en estiment le produit moyen à 6 à 8 quintaux par hectare. En comptant à fr. 50 le prix moyen du quintal, un hectare rapporte donc en semence de 300 à 400 francs. Il s'en suit que c'est là une production très lucrative. Rendement.

Dans les années sèches le rendement est plus sûr que dans les années humides, attendu que dans celles-ci la plante est très sujette à verser et, par conséquent, à produire moins. Le même préjudice est causé par les grosses pluies d'orage. C'est pourquoi des contrées méridionales, où les pluies d'été sont moins fréquentes, sont les plus propres à la production de cette semence. Aussi celle du commerce provient-elle le plus souvent du Dauphiné; mais elle est d'ordinaire très impure, parce qu'il est rare qu'elle soit tirée de cultures consistant uniquement en fromental, et qu'on a l'habitude de couper, de la manière indiquée ci-dessus, les plantes par bottes, soit dans des prairies naturelles soit dans des prés où d'autres graminées encore sont associées à celle dont il s'agit ici. Or il arrive naturellement qu'on coupe en même temps une partie de celles-là et il s'en suit qu'en somme la semence récoltée se trouve être plus ou moins impure, ainsi que le montrent les données que nous allons présenter.

D'après 84 essais faits à la Station fédérale de contrôle de semences, celle de fromental qui a été livrée au commerce pendant les étés de 1881 et 1882 était composée en moyenne des graines suivantes : Impuretés.

1. Fromental pur	65.0 %	73.9 % bonnes graines.
2. Dactyle aggloméré	6.6 %	
3. Fétuque des prés et espèces congénères	1.6 %	
4. Avoine jaunâtre et pâturins	0.7 %	
5. Brome dressé, et, en moindre quantité, brome doux et autres espèces	13.6 %	
6. Brize tremblante, trèfle jaune, etc.	0.8 %	
7. Différentes mauvaises herbes	0.9 %	
8. Balles, etc.	10.8 %	
Total	100.0 %	

Il en résulte qu'on ne saurait apprécier la valeur de la semence de fromental uniquement d'après ce qu'elle contient de graines pures, mais qu'il faut aussi tenir compte de la nature de celles qui y sont mêlées. Si elles appartiennent au dactyle aggloméré et à d'autres bonnes espèces semblables, la marchandise a plus de prix que si les impuretés consistent surtout en balles et en graines de bromes.

Ces dernières sont ce qu'on aime le moins à y rencontrer, mais souvent la proportion en monte jusqu'à 20% et même à 30% et davantage. La sorte la plus impure de la semence en question est vendue d'ordinaire sous le nom de « fenasse », et celle de qualité un peu supérieure sous celui de « petit fromental ».

Douze échantillons de fenasse, examinés par nous dans l'exercice de 1881 à 82, contenaient:

Fromental	19.9 %	41.5 % bonnes graines.
Dactyle aggloméré	13.0 %	
Fétuque des prés, avec un peu de ray-grass anglais	3.4 %	
Avoine jaunâtre et pâturins	2.6 %	
Esparcette	2.6 %	
Brome dressé, avec un peu de brome doux et d'espèces congénères	28.9 %	
Brize tremblante, houlque, trèfle jaune	1.9 %	
Graines fines de mauvaises herbes	1.3 %	
Balles, etc.	26.4 %	
	100.0 %	

On voit par là que la fenasse consiste, outre les balles, principalement en graines de bromes, soit de graminées qui n'ont point de valeur pour les bonnes terres; mais néanmoins il s'en sème de fort grandes quantités en beaucoup d'endroits de la Suisse. Dans l'année de la semaille, c'est surtout le fromental qui se développe, pendant que le brome dressé et le dactyle aggloméré ne poussent leurs chaumes que la seconde année. Donc la fenasse se distingue du petit fromental uniquement en ce qu'elle est mêlée d'une plus forte proportion de graines de bromes ainsi que de balles.

La fabrique de machines de Hérisau (Suisse) a récemment construit un appareil par lequel on réussit à nettoyer la semence de fromental de la plus grande partie de ses impuretés, mais non sans perdre une partie assez considérable de grains qui, bien que médiocres, ne laissent pas d'avoir leur valeur. Voici un exposé des résultats obtenus par ce moyen:

	Fromental	Dactyle aggloméré	Fétuque des prés	Avoine jaunâtre	Brome dressé	Houlque	Mauv. herbes	Balles
	%	%	%	%	%	%	%	%
Semence non nettoyée	44.1	8.6	2.9	0.6	13.0	2.9	2.9	25.0
Semence nettoyée	83.1	0.3	0.9	0.3	9.9	—	1.2	4.3

Falsifications.

Il arrive çà et là que cette semence est falsifiée avec des grains du brome-seigle (*Bromus secalinus*, L., fig. 18), qui avaient été séparés d'un blé nettoyé. Cette fraude est facile à reconnaître. La coupe transversale d'un de ces grains, comme le montre la figure ci-jointe, n'est pas arrondie, mais présente distinctement une face interne canaliculée et une face externe convexe. Il est gros et lâchement soudé aux glumelles qui l'enveloppent; de celles-ci la supérieure a les bords ciliés de poils raides et l'inférieure est à 7 nervures, dont la moyenne se prolonge ordinairement en une courte arête.

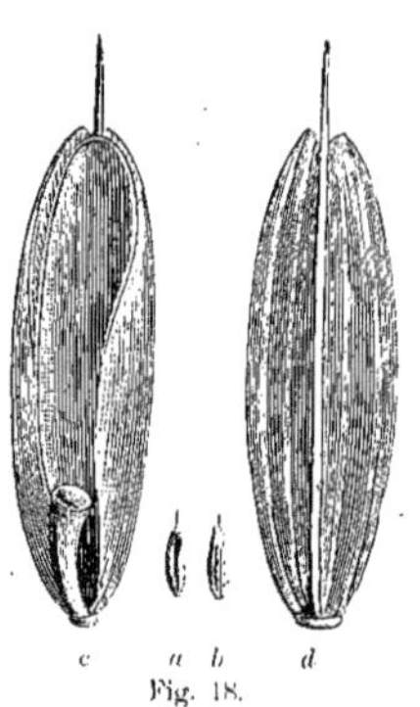

Fig. 18.
Brome-seigle.
Bromus secalinus, L.
Faux-fruit, *a. b.* en grand. nat., *c. d.* grossi 8 fois.

Fig. 19.
Ivraie enivrante.
Lolium temulentum, L.
Faux-fruit, *a.* face dorsale, *b.* face ventrale, grossi 7 fois, *c.* grand. nat.

Comme il se trouve souvent dans les résidus du nettoyage du seigle des grains de l'ivraie enivrante (*Lolium temulentum*, L.), ceux-ci sont aussi employés communément à falsifier la semence du fromental. Ils sont longs de 5 à 6 millimètres, épais, fortement renflés et la glumelle inférieure se termine en une longue arête (fig. 19). D'ordinaire le fromental qui a été frelaté de cette manière contient aussi les grains pointus de seigle qui avaient passé dans les criblures.

Semence et semis. D'après un examen de 250 échantillons fait à notre Station de contrôle la moyenne a été de $65_{.8}$% pour la pureté et de 63 % pour la faculté germinative. Mais une bonne marchandise moyenne doit avoir 70 % de pureté ainsi que 70 % de faculté germinative, soit 49 % de grains purs et capables de germer, et ne contenir pas plus de 10 % de graines de brome. La quantité moyenne des grains d'un kilogramme de semence pure est de 350,000, de sorte que le kilo d'une bonne marchandise moyenne contient 171,500 grains purs et capables de germer. 1000 grains pèsent en moyenne $2_{.86}$ grammes. Le poids de l'hectolitre est d'environ 12 kilos. Qualité.

D'une semence comportant 49 % de grains purs et capables de germer, on prend, en moyenne, par hectare 80 kil. ou 3920 centièmes de kilo, et par arpent 29 kil. ou 1421 centièmes de kilo. Le prix marchand du kilo de semence étant de fr. 1 à fr. 1. 60, en moyenne de fr. 1. 30, la dépense revient à fr. 104 par hectare. Quantité.

De toutes les graminées fourragères, le fromental est celle dont la semence veut être enfouie le plus profondément, parce que les grains sont gros et produisent des plantules robustes. La profondeur la plus convenable est de 2 à 3 centimètres, dans les sols frais, et de 3 à 4 dans les sols secs. Le printemps est l'époque la plus favorable pour semer, mais dans les contrées où d'ordinaire l'été commence par être sec, il est avantageux de le faire en septembre. La souche du fromental s'enracinant profondément, il ne prospère que dans un terrain fertile et bien ameubli et est d'un rapport d'autant plus médiocre que la couche arable est plus mince et plus compacte. Semis.

Employé comme fourrage, le fromental ne devrait être semé qu'en mélange avec d'autres plantes, attendu que, à le prendre seul, la semence coûterait cher, que le produit, quant à la qualité, serait inférieur à celui des mélanges, et qu'enfin les prés où il n'y a d'autre herbe que cette graminée ne durent pas longtemps. En se trouvant dans un mélange en proportion convenable, il augmente beaucoup le rendement, grâce à sa taille élevée, et à ce titre il est fort à recommander. C'est notamment pour les terres et les expositions chaudes ainsi que pour les prairies artificielles ou naturelles qu'il est le mieux qualifié, comme nous l'avons remarqué ci-dessus, et en ce cas il doit entrer dans les mélanges jusqu'à la proportion de 20 % ; mais il faut en mettre d'autant moins que le sol est plus lourd et plus humide. Mêlé à du trèfle pour une seule année, il ne vaut pas le ray-grass d'Italie, tandis que, si c'est pour deux ou trois ans, il rend plus que celui-là. Mélanges.

Cette graminée a quelque ressemblance avec l'*avoine pubescente* ou averone (*Avena pubescens*, L.); mais celle-ci s'en distingue par des tiges devenant rougeâtres après la floraison et des feuilles plus courtes, dont les inférieures ont les gaînes poilues; en outre le fruit est beaucoup plus mince et plus foncé de couleur que celui du fromental, et à la base et sur le pédicelle il est longuement poilu. Espèce voisine.

Explication de la planche 5.

(Figures A et B en grandeur naturelle, figures 1 à 10 grossies 6 fois, figure 12 gross. environ 15 fois, figure 13 gross. 3 fois.)

Fig. A. Plante entière, avec la panicule encore fermée ou contractée.
» B. Partie de panicule en pleine floraison.
» 1. Epillet avant la floraison.
» 2. Epillet fleurissant, à droite la fleur inférieure, mâle et aristée, à gauche la fleur supérieure, hermaphrodite et mutique.
» 3. Fleur avec la glumelle supérieure, l'inférieure étant enlevée; vue du côté de la glumelle inférieure.
» 4. Ovaire normal de la fleur hermaphrodite, pourvu de ses deux stigmates plumeux.
» 5. Ovaire avorté et sans stigmates de la fleur mâle.
» 6. Les deux fleurs après la fructification, détachées des glumes à la maturité et en l'état où elles se trouvent dans le commerce; à gauche la fleur hermaphrodite fertile, à droite la fleur mâle stérile.
Fig. 7. Fruit enveloppé des glumelles, vu latéralement.
» 8. Le même vu du côté de la glumelle supérieure, avec le pédicelle de la fleur rudimentaire.
» 9. Caryopse vu sur la face dorsale, avec l'embryon à sa base longuement rétrécie.
» 10. Le même vu latéralement.
» 11. Diagramme de l'épillet.
» 12. Coupe transversale d'une feuille (d'après Lund).
» 13. Ligule, (à droite, dans l'angle supérieur sans numéro de figure).

VI. L'Avoine jaunâtre.

Avena flavescens, L. ou *Trisetum flavescens*, P. Beauvois.

Famille des Graminées.

Dénomination. Le nom spécifique de cette plante, qui a la même signification en latin et en français, est dérivé de la jolie couleur jaune ou dorée que revêt la panicule pendant la floraison. On l'appelle aussi Avoine ou Avenette blonde, petit Fromental, et dans les environs de Paris, Foin fin. Elle est encore désignée parfois sous le nom de Petite avoine des prés, ce qui l'expose a être confondue avec la véritable Avoine des prés *(Avena pratensis, L.)*, dont la valeur est très médiocre.

Histoire. Cette graminée n'a été mise en culture que tout récemment. Il est vrai que depuis longtemps on la regardait comme une plante fourragère très précieuse; mais la semence ne se trouvant pas dans le commerce, il ne pouvait être question de la cultiver en grand. C'est sans doute pour cette raison que l'agronome allemand *Schwerz* n'en fait pas mention dans son « Agriculture pratique ». Et ce n'est que dans ces derniers temps, depuis que, sur nos conseils, les marchands grainiers du Dauphiné se sont mis à en fournir en grand de la semence, qu'ils séparent de celle du dactyle aggloméré, que l'avoine jaunâtre est devenue en Suisse d'un emploi général pour l'établissement des prairies.

Valeur agricole. Elle est fort avantageuse pour les prés temporaires ou permanents, parce qu'elle donne un fourrage de bonne qualité, que le bétail mange volontiers et qui rend beaucoup à la première et à la deuxième coupe. La plante est de longue durée, peut se cultiver dans presque toutes les terres, excepté celles qui sont fortes ou légères à l'extrême, et donne un produit sûr aussi bien dans les années humides que dans les sèches.

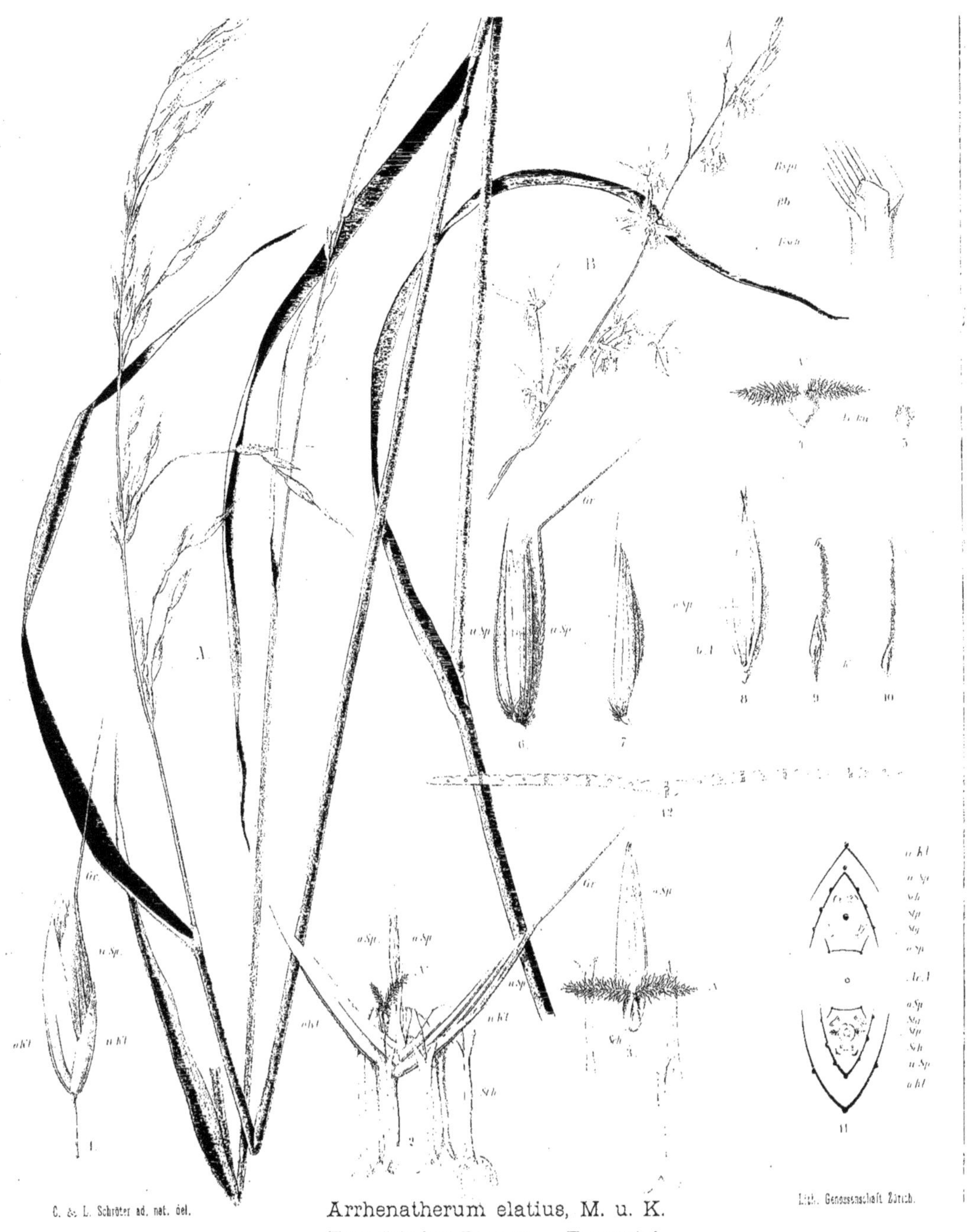

C. & L. Schröter ad. nat. del.

Arrhenatherum elatius, M. u. K.

Französisches Raygras – Fromental.

Lith. Genossenschaft Zürich.

Description botanique. L'avoine jaunâtre est d'un gazonnement peu serré et inégal en hauteur. Les pousses latérales, qui sont intravaginales, sortent de bonne heure de leur gaîne, et il est rare que des entrenœuds du rhizôme s'allongent. Tiges de 40 à 70 centim., dressées, ordinairement pubescentes aux nœuds. Feuilles planes, molles, finement striées, plus ou moins poilues sur les gaînes et sur les faces, surtout en dessus, (fig. 11); ligule courte, tronquée (fig. 10). Inflorescence en panicule, d'abord étroite et longue ou contractée, diffuse à la floraison, mais sans que les rameaux s'étalent horizontalement, et prenant alors une brillante nuance dorée, qui devient terne et brunâtre plus tard. Rameaux très fins, un peu rudes. Epillets nombreux, petits, ordinairement 3-flores, à peu près cylindriques avant et très ouverts pendant la floraison, argentés-jaunâtres ou quelquefois violacés. Axe de l'épillet poilu (fig. 1, 4 à 6, 9, *Ae. A.*) Glumes 2, plus courtes que les fleurs, l'inférieure (fig. 1, 9, *u. Kl.*) uninerviée, de moitié moins longue que la supérieure (fig. 1, 9, *o. Kl.*), qui est trinerviée et oblongue-lancéolée. La glumelle inférieure (fig. 1, 2, 4, 6, 9, *u. Sp.*) 5-nerviée, bifide et terminée en deux arêtes courtes, munie au-dessus du milieu du dos d'une arête fine, genouillée et plus longue que la fleur; (ces *trois* arêtes ou *soies* ont donné lieu au nom générique *Trisetum*). Glumelle supérieure (fig. 1 à 4, 6, 9, *o. Sp.*), comme d'ordinaire, membraneuse et bicarénée. Squamules 2 (fig. 3, 9, *Sch.*), tronquées, bilobées ou denticulées, presque aussi longues que l'ovaire. Etamines 3. Ovaire oblong ou elliptique, glabre. Stigmates 2, sessiles, plumeux. Les phénomènes de l'anthèse sont les mêmes que chez le ray-grass anglais. A la floraison il s'ouvre ordinairement deux fleurs à la fois dans l'épillet. Le faux-fruit ou le caryopse enveloppé des glumelles (fig. 4) est, sans l'arête, long de 5 à 6 mm. et d'environ 10 mm. avec l'arête. Contre le dos de la glumelle supérieure s'élève un petit tronçon de l'axe de l'épillet, (fig. 5, 6, *Ae. A.*) un peu comprimé et très poilu, et à la base de la glumelle inférieure se trouve un petit faisceau de poils courts. Caryopse oblong et en forme de fuseau, un peu comprimé latéralement, sans sillon à la face interne. Description botanique.

Variétés. Les botanistes ont distingué trois variétés de cette espèce. 1° L'avoine jaunâtre commune (*Avena flavescens*, var. *vulgaris*, Alefeld); 2° la grande (*A. f.* var. *major*, Schrader); 3° la bigarrée (*A. f.* var. *variegata*, Gaudin). Les deux dernières sont plus rares que la première; la troisième se rencontre dans les basses et hautes Alpes. Jusqu'à présent les agriculteurs n'ont eu affaire qu'à la variété commune. Variétés.

Habitat, Clima, Sol, Engrais. L'avoine jaunâtre est indigène presque dans toute l'*Europe*, (sauf dans la Lapponie); en *Afrique*, dans l'Algérie; en *Asie*, dans le Caucase, la Géorgie, l'Arménie, la Sibérie (Baïkal, Dahourie) et dans le Kamtschatka. Elle manque à l'*Amérique du Nord*. Distribution géographique.

Chez nous elle se rencontre partout dans les lieux herbeux, sur les prés et les pâturages, aux bords des chemins. Elle est très commune dans les vergers et dans les bonnes prairies du fond des vallées et des alluvions des rivières, et ne l'est pas moins sur les pentes ou les sommets et dans les vallons des Alpes et du Jura, jusqu'à des grandes hauteurs. *Langethal* dit avec raison que cette graminée est toujours un indice de l'excellente qualité des prairies où elle se trouve. Stations.

Elle monte jusque dans la région alpine: Reculet (Jura) à 1500 m.; dans le Fimberthal à environ 1800 m., dans la Haute-Engadine à 1800 m., à Langwies et à Churwalden à 1300 m. Cependant, selon *Brügger*, la forme normale ne se rencontre que rarement au delà de 1400 m. et est alors remplacée par la variété bigarrée (*Avena flavescens* var. *variegata*), qui monte jusqu'à 2400 m. Limites d'altitude.

Si elle est placée en un sol qui lui convient, elle réussit le mieux dans les régions propres à la culture de la vigne. Elle supporte un assez fort degré de sécheresse, mais alors elle ne se développe guère. Quant à l'humidité, il lui est nuisible d'en avoir à l'excès; aussi, dans les années humides, les prairies ne s'en montrent-elles pas bien garnies. Mais ce qui lui est absolument contraire, c'est un sol sujet à être recouvert ou imbibé d'eau sans écoulement. Climat.

L'avoine jaunâtre prospère le plus dans les terrains frais, profonds, riches en humus et chauds, principalement sur les calcaires et les marnes, puis sur les limons et les argiles de bonne qualité, enfin sur les sables limoneux. Dans le Dauphiné nous l'avons vu avec plus d'un mètre de haut sur des calcaires bien fournis d'humus, et Sol.

là c'est elle qui domine ordinairement dans les prairies artificielles. On peut aussi la cultiver sur les bons terreaux, bien drainés et surtout s'ils ont été marnés ou chaulés. Elle ne s'accomode point des sols arides, et ne donne que peu de produit sur ceux qui sont à la fois maigres et secs.

Épuisement du sol. D'après *Way* et *Ogoston*, 1000 ℔ de foin tirent du sol:

Azote . . .	$10._{1}$ ℔	Magnésie . . .	$1._{4}$ ℔
Acide phosphorique	$4._{2}$ »	Chaux . .	$3._{6}$ »
Potasse . . .	$16._{4}$ »	Acide sulfurique	$1._{8}$ »
Soude . . .	$0._{8}$ »	Silice . .	$16._{0}$ »

Engrais. L'irrigation lui est profitable, mais à condition que l'eau s'écoule facilement et qu'il n'en reste pas de stagnante. Il est mieux pour elle de trouver dans le sol un engrais déjà ancien que de le recevoir à l'état frais. Le traitement au lisier ne paraît pas lui convenir autant qu'à la plupart des autres graminées fourragères, mais il manque encore sur ce point des expériences concluantes. L'engrais qui lui est le plus utile c'est, en automne, une couverture de fumier d'étable frais.

Végétation. **Végétation, rendement, valeur fourragère.** L'avoine jaunâtre talle très fortement, mais quoique ses touffes ne soient pas compactes, il s'en élève toutefois beaucoup de tiges, hautes et feuillues. Elle est d'une précocité moyenne, et fleurit à la mi-juin. Il en pousse des tiges nombreuses pour la deuxième coupe, et certains agronomes prétendent que celle-ci est même plus abondante que la première; mais cela n'a pas lieu généralement pour les fenaisons faites dans les conditions ordinaires. Quoiqu'il en soit, cette plante a toujours la précieuse propriété d'être très productive à la deuxième coupe, et cela résulte surtout de ce que, se développant moins vite que d'autres graminées, elle est plus tardive à se prêter à une première coupe.

Développement.

Sinclair a obtenu d'un limon argileux:

Rendement.

	par hectare vert	par hectare sec	par arpent vert	par arpent sec
A la fleur	183 q.	64 q.	66 q.	23 q.
A la maturité de la graine	274 q.	110 q.	99 q.	39 q.
Regain	91 q.	—	33 q.	—

Vianne a eu d'une terre de qualité moyenne, fertile et fraîche, 114 quintaux de foin par hectare (41 q. par arpent). 100 ℔ d'herbe donnent $32._{5}$ à $34._{7}$ ℔ de foin. Comparativement à d'autres graminées, l'avoine jaunâtre n'est donc pas d'un rapport considérable.

Valeur fourragère. 100 ℔ de foin contiennent $80._{6}$ de matière organique en laquelle se trouvent:

Albumine (Azote $\times$ $6._{25}$) . . .	$6._{8}$ %
Substances extractives non azotées .	$38._{8}$ %
Fibre ligneuse	$33._{8}$ %
Graisse	$2._{0}$ %

D'après cette analyse la proportion d'albumine est faible; mais elle a besoin d'être déterminée par de nouvelles recherches.

Récolte. **Récolte, impuretés et falsifications de la semence.** Il n'a pas été, jusqu'à présent, essayé de gagner cette semence de plantes cultivées en semis pur: cela vient de ce que, le produit étant à la fois difficile à récolter et peu abondant, on serait obligé de l'offrir à un prix tel qu'il n'aurait guère d'acheteurs. C'est pourquoi l'on ne s'occupe nulle part de la production directe de la graine de l'avoine jaunâtre. Celle du commerce se trouvait mêlée d'abord dans la semence du dactyle aggloméré et en a été séparée par un appareil cribleur spécial. Dans le Dauphiné cette espèce d'avoine se cultive toujours en mélange avec le dactyle, et après qu'elle a été coupée, séchée et battue avec celui-ci, le départ de la graine est finalement opéré par un criblage. Jadis, avant que la semence en question ne fût si fort demandée, les marchands ne songeaient pas à cette séparation des deux sortes de graines; mais aujourd'hui, comme celle de l'avoine jaunâtre est de plus en plus recherchée, ils la pratiquent habituellement et savent bien tirer parti de cette dernière.

Impuretés.

En se la procurant de cette façon, on obtient nécessairement aussi tout ce qu'il y avait dans la graine de dactyle d'ingrédients de même volume que les grains d'avoine jaunâtre. C'est pourquoi la semence du commerce est toujours très impure. La proportion des substances étrangères qui y sont mêlées est en moyenne de 65 %; mais parfois elle s'élève aussi jusqu'à 90 %. Il est vrai qu'elles consistent surtout en petits fruits vides du dactyle*) et en débris d'arêtes et de glumelles; mais avec cela il se trouve encore de 5 à 10 % de très petites semences de différentes mauvaises herbes, comme de la grande marguerite (*Chrysanthemum Leucanthemum*, L.) et d'autres Composées encore, ainsi que de certaines espèces de gaillet (*Galium*), etc. Cependant ces mauvaises graines ne paraissent pas nuire à la culture: du moins, dans notre champ d'essais, ne les avons-nous pas vues lever parmi l'avoine qui se développait superbement.

Falsifications.

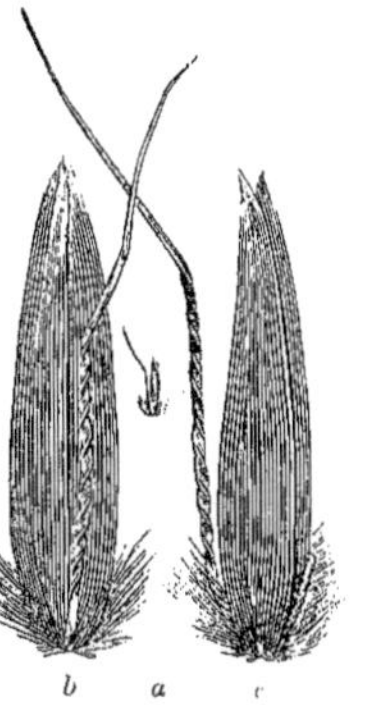

Autrefois c'était chose commune dans le commerce d'offrir comme semence de l'avoine jaunâtre celle de la canche flexueuse (*Aira flexuosa*, L.), par une fraude qui, aujourd'hui encore, se pratique fréquemment. Cette graminée-là est très répandue, et se trouve souvent en énorme quantité sur les sols secs et siliceux de l'Europe centrale, dans les clairières sablonneuses des bois, dans les terrains à bruyère, etc. La souche en est gazonnante, et de ses touffes compactes il sort des feuilles raides, enroulées-capillaires, et des tiges dressées, grêles et sèches, longues de 20 à 30 centimètres, lesquelles n'ont aucune valeur comme fourrage et sont à peine broutées des moutons. La graine, qui est mûre en juillet et août, est achetée par des marchands de gens qui l'ont récoltée de divers côtés, au plus, comme le dit Roth**), à 6 florins le quintal, et dans le commerce elle passe généralement sous le nom de semence d'avoine jaunâtre. Il n'est pas difficile, avec quelque attention et l'aide de la loupe, de distinguer ces deux espèces de graines. La canche a des glumelles d'un brun rougeâtre, dont l'inférieure est munie un peu au-dessus de la base d'une arête genouillée inférieurement. En outre, sa graine est presque deux fois aussi pesante que celle de l'avoine en question (fig. 20).

b a c

Fig. 20.
Canche flexueuse.
Aira flexuosa, L.
a. Faux-fruit en grand. natur.
b. Le même, vu sur le dos.
c. id. vu latéralement, grossis 8 fois.

Récemment il nous a été envoyé comme semence d'avoine jaunâtre celle de la calamagrostide-roseau (*Calamagrostis arundinacea*, Roth) (fig. 22). Elle se distingue de la graine de la canche susdite par sa teinte gris-cendré, et comme celle-là, elle porte sur la glumelle inférieure une arête, partant du milieu du dos, longue et légèrement genouillée;

*) Il est inexact de prétendre que ceux-ci ont été mêlés intentionnellement avec la graine de l'avoine: elles constituent une impureté et non une falsification.

**) *Georg Roth:* Ueber das Sammeln der Grassamen in den Waldungen und das Verfälschen der Grassamen. Stuttgart, 1875.

Fig. 21.
Avoine jaunâtre. *Avena flavescens*, L.
Faux-fruit. *a*. Grandeur naturelle.
b. *c*. Grossi 8 fois.

son pédicelle assez long est garni d'un fascicule de poils. L'une et l'autre de ces graines sont ordinairement vendues pures pour celle de l'avoine jaunâtre et il est rare qu'elles se trouvent mêlées avec la vraie semence de la graminée en question.

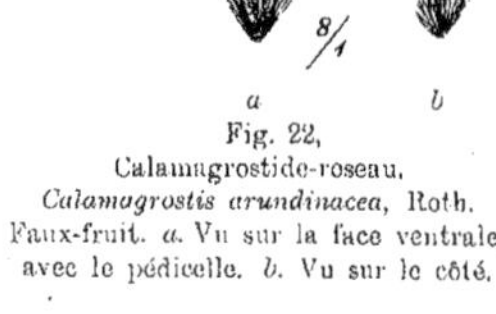

Fig. 22.
Calamagrostide-roseau.
Calamagrostis arundinacea, Roth.
Faux-fruit. *a*. Vu sur la face ventrale, avec le pédicelle. *b*. Vu sur le côté.

Semence et semis.

Qualité. Cette semence présente en moyenne 34.4 % de pureté et 37 % de faculté germinative, mais chez une bonne marchandise la première de ces qualités doit être de 40 % et la seconde de 40 % également, ce qui fait que la graine pure et capable de germer est de 14 %. Un kilo de semence pure contenant en moyenne 4,500,000 grains, il y a dans une bonne marchandise 720,000 grains purs et capables de germer.

Quantité. Un hectolitre pèse, en compte rond, 6 kilos. La quantité de semence d'une marchandise à 14 % est, par hectare, de 33 kilos ou 528 centièmes de kilo, et, par arpent, de 12 kilos ou 192 centièmes de kilo. Le prix marchand de la semence est de fr. 2 à fr. 5 par kilo, de sorte que l'ensemencement revient en moyenne à fr. 115 par hectare et à fr. 42 par arpent. Sinclair nous dit : « J'ai semé de cette graine presqu'en chaque mois de l'année, et j'ai toujours trouvé que les meilleures époques de le faire étaient évidemment soit la troisième semaine de mai soit la première d'août ou de septembre, en tenant compte d'ailleurs de l'état du temps. »

Mélanges. En semis pur l'avoine jaunâtre est d'un rapport médiocre, parce qu'elle ne gazonne pas en touffes serrées. C'est pourquoi ce fourrage ne devrait jamais être semé pur, mais mêlé avec d'autres graminées. La semence en est trop chère pour entrer dans un mélange de trèfle et de graminée ou dans tout autre fait en vue d'une culture de peu de durée. Mais elle est fort utile dans les mélanges destinés pour des prés temporaires ou permanents, et l'avoine jaunâtre ne devrait manquer jamais dans ces derniers, si tant est qu'elle y trouve un sol approprié à sa nature.

Explication de la planche 6.

(Figures A et B en grandeur naturelle. fig. 1 à 8 grossies 6 fois, fig. 10 gross. 2 fois, fig. 11 gross. environ 10 fois).

Fig. A. Plante entière avec la panicule encore contractée.
» B. Panicule étalée en pleine floraison.
» 1. Epillet fleurissant.
» 2. Fleur avec ses glumelles.
» 3. Fleur avec la glumelle supérieure, vue du côté de la glumelle inférieure.
» 4. Faux-fruit vu latéralement.
» 5. Tronçon de l'axe de l'épillet accolé au faux-fruit.

Fig. 6. Faux-fruit vu du côté de la glumelle supérieure.
» 7. Caryopse vu latéralement.
» 8. Coupe transversale du caryopse.
» 9. Diagramme de l'épillet.
» 10. Ligule.
» 11. Coupe transversale du limbe de la feuille (d'après Lund).

Avena flavescens, L.
Goldhafer -- Avoine jaunâtre.

C. & L. Schröter ad. nat. del. — Lith. Gesellschaft Zürich.

VII. La houlque laineuse.

Holcus lanatus, L.

Famille des Graminées.

Le nom français de cette plante est la traduction de son nom botanique latin. On l'appelle aussi Houlque aristée, et, vulgairement, Blanchard velouté ou cotonneux. Dénomination.

Elle est vivace et de longue durée, mais n'a que peu de valeur fourragère. Déjà *Schwerz* la regardait comme une herbe très médiocre, donnant un foin sans saveur et sans force nutritive, et, avant lui, *Sinclair* faisait remarquer ceci : « la quantité de poils fins qui recouvrent toute la surface de cette graminée, en font un foin mol et cotonneux, qui n'est mangé volontiers ni des chevaux ni des bêtes à corne». En revanche, d'autres agronomes l'estiment comme un fourrage excellent; ainsi *Hansen**) nous dit: «En outre, la houlque est une herbe molle, douce et succulente, qui, à l'état vert, est très recherchée des vaches et des moutons. Fauchée et séchée en temps opportun, c'est-à-dire avant que la panicule ne soit ouverte et commence à fleurir, elle donne un foin qui ne le cède à aucun autre en bonne qualité et plaît fort surtout aux chevaux.» Mais les plus compétents de nos auteurs contemporains sont unanimes à reconnaître que pour toutes les bonnes terres où prospèrent des graminées meilleures, la houlque est une plante sans valeur et qui le plus souvent n'est guère qu'une mauvaise herbe. Histoire et valeur agricole.

Description botanique. La houlque laineuse gazonne en un paquet dense et élevé: cela provient, d'un côté, de ce que les pousses latérales, qui sont extravaginales, se dirigent en haut dès leur point de départ et à angle aigu; d'un autre côté, de ce que quelques-uns des entrenœuds de ces pousses ascendantes s'allongent beaucoup, de façon que la touffe totale est composée de touffes partielles situées les unes au-dessus des autres. Les gaînes des feuilles inférieures sont rouges à la base, notamment sur les nervures. Tiges de 45 à 90 centim., dressées, à nœuds couverts de poils grisâtres, courts et serrés. Feuilles et gaînes revêtues également d'une pubescence molle et serrée, qui donne à la plante une teinte vert-grisâtre (fig. A). Limbe des feuilles finement strié en dessus (fig. 15); ligule assez courte, tronquée (fig. 14). Inflorescence en panicule rameuse, largement étalée lors de la floraison mais contractée d'abord, d'une nuance rougeâtre. Epillets à 2 fleurs: l'inférieure hermaphrodite et mutique, la supérieure mâle et aristée (fig. 2 et 13); rarement à 3 fleurs, l'une hermaphrodite et les autres mâles. Glumes 2, blanchâtres, à cime ordinairement un peu nuancée de rouge, à surface ponctuée-granuleuse sous la loupe, (fig. 7): l'inférieure (fig. 1, 7, 13, *u. Kl.*), plus étroite, uninerviée, la supérieure (fig. 1, 7, 13, *o. Kl.*) trinerviée; toutes les deux comprimées-carénées, mucronées ou acuminées, à carène ciliée de poils raides et courts. L'axe de l'épillet (fig. 2, 8, *Ac A.*), au-dessus des glumes, se réfléchit à angle droit vers la glume supérieure et de là se recourbe vers le haut : à l'extrémité de cette partie incurvée s'insère la fleur inférieure, entourée d'un faisceau de poils raides, qui s'élèvent jusqu'à mi-hauteur de la glumelle inférieure; ensuite l'axe s'allonge en une partie droite, qui porte la fleur supérieure (fig. 2). Les glumelles sont si courtes que, malgré la longueur de ces entrenœuds de l'axe de l'épillet, les glumes les recouvrent entièrement (fig. 1, 7). La glumelle inférieure (fig. 1, 2, 8, 10, 13, *u. Sp.*) de chacune des fleurs est sans nervures, blanche, luisante, à bords arrondis, celle de la fleur mâle munie au-dessous du sommet d'une arête (fig. 2, *Gr.*), courte, genouillée ou flexueuse, ne dépassant pas la glume supérieure; celle de la fleur hermaphrodite est mutique. Les glumelles supérieures sont également sans nervures (fig. 2, 3, 4, 10, 13, *o. Sp.*), Squamules 2 (fig. 2—4, 13, *Sch.*), très grandes, presque deux fois aussi longues que l'ovaire de la fleur fertile, ovales-acuminées, élargies à la base et un peu rétrécies au-dessus d'elle. Ovaire de la Description botanique.

*) *E. F. Hansen*: Anleitung zur Kenntniss der einheimischen Gräser. Plön, 1827.

fleur hermaphrodite (fig. 5) pubescent au sommet, portant 2 stigmates plumeux; ovaire stérile de la fleur mâle (fig. 6), beaucoup plus petit, avec 2 moignons de stigmates non ramifiés.

Les phénomènes de l'anthèse sont les mêmes que chez le ray-grass anglais. A la maturité, l'axe de l'épillet reste ordinairement entier et se détache ainsi de son rameau; par conséquent, ce que le commerce nous offre comme « semence » de la houlque laineuse consiste dans le fruit renfermé dans ses glumelles et dans la fleur supérieure stérile, le tout enveloppé des glumes (fig. 7). Cet épillet fructifère mesure, avec la petite arête (mucron) de la glume supérieure environ 4 à 5 mm. Faux-fruit long de 1 à 2 mm. (fig. 10), poilu à la base, entièrement recouvert par la glumelle inférieure qui est membraneuse, lisse, luisante; contre sa face ventrale s'élève un petit pédicelle ou appendice filiforme, restant de l'axe de l'épillet (fig. 10, *Ae. A.*). Caryopse ovale, pubescent au sommet, à face ventrale un peu sillonnée (fig. 11, 12). A la maturité, l'arête de la fleur mâle est recourbée en crochet en dedans (fig. 8).

Distribution géographique. **Habitat, Climat, Sol, Engrais.** La houlque laineuse est indigène en *Europe*: dans le Nord, à l'exception de l'Islande et de la Lapponie, dans les régions centrales et orientales, dans la France, le Portugal, l'Espagne et l'Italie; en *Afrique:* dans l'Algérie; en *Asie:* dans le Caucase, la Géorgie, la Sibérie (Oural, Baïkal). Introduite dans l'*Amérique du Nord.*

Stations. Elle se trouve chez nous sur tous les terrains, dans les prés et les pâturages, dans les lieux herbeux, à la lisière des bois, etc.

Limites d'altitude. Dans le Jura elle monte à la hauteur de 1400 m.; à celle de 750 dans les Alpes bavaroises et jusqu'à 1700 m. environ dans les Alpes de Glaris et des Grisons.

Climat. Cette plante est souvent fort éprouvée des gelées d'hiver, mais sans y succomber. Comme elle pousse de bonne heure, elle est sujette aussi à souffrir des gelées tardives du printemps. Dans les climats et les années humides, elle devient moins pubescente ou lanugineuse qu'elle ne l'est en végétant dans des conditions de sécheresse, et alors le fourrage est mieux au goût du bétail.

Sol. Elle acquiert son plus beau développement dans les défrichés de forêts, et, en général, elle prospère dans les sols meubles et riches en humus; mais aussi elle y passe souvent à l'état de mauvaise herbe détestée, comme étant d'un rapport fort inférieur, à la fois en quantité et qualité, à celui d'autres plantes fourragères. La culture n'en est guère recommandable que sur les terres tourbeuses, ainsi que dans les maigres sols sablonneux où ne réussissent plus des plantes meilleures; à ce compte ou comme pis aller, elle est loin d'être sans valeur.

Épuisement du sol. 1000 ℔ de foin enlèvent du sol:

Azote	14.3 ℔	Chaux	4.1 ℔
Acide phosphorique	4.5 »	Magnésie	1.5 »
Potasse	20.5 »	Silice	26.9 »
Soude	2.1 »	Acide sulfurique	2.2 »

Engrais. Comparativement à d'autres graminées, celle-ci tire du sol une proportion de potasse considérable, mais il est nécessaire de faire à ce sujet des recherches ultérieures. Elle aime une bonne fumure, mais n'en compense pas les frais.

Végétation. **Végétation, rendement, valeur fourragère.** Cette graminée gazonne en touffes hautes et serrées, qui en rendent le fauchage très-difficile, et c'est là aussi une raison de ne pas la voir volontiers parmi les plantes fauchables. De ces touffes il sort des tiges nombreuses, qui, dans une bonne terre, poussent jusqu'à la hauteur de 2 à 3 pieds. (Développement.) Comme nous l'avons remarqué ci-dessus, c'est une herbe précoce, qui produit ses feuilles déjà en mars et commence à fleurir en mai. Si l'on néglige de faucher avant la floraison, la plante perd beaucoup de sa qualité nutritive et la dissémination des (Récolte.) graines fait qu'elle se multiplie largement. C'est pourquoi cette espèce constitue la plus grande partie de la fleur de foin, dont la moitié consiste parfois en graines de houlque, qui ont encore l'inconvénient de n'être pas mûres.

Sinclair a obtenu d'un bon limon argileux les produits suivants, en quintaux: Rendement.

	Par hectare. Vert.	Par hectare. Sec.	Par arpent. Vert.	Par arpent. Sec.
Au milieu d'avril . . .	107	---	38	—
A la fleur	424	139	153	50
A la maturité de la semence .	424	85	153	31
Regain	152	--	55	—

Vianne a eu sur un fertile sable limoneux un rendement en foin de 158 quintaux par hectare ou de 57 quintaux par arpent.

La pubescence veloutée dont cette herbe est revêtue fait qu'elle n'est pas mangée volontiers du bétail; pour prévenir cet inconvénient, Humphry Davy a conseillé de saupoudrer le foin d'une certaine quantité de sel, qui rend les petits poils moites et mous, de sorte qu'il est avalé sans répugnance. Pour la même raison, le foin devrait toujours être haché et servi en mélange avec un autre fourrage. Valeur fourragère.

100 % de foin contiennent:

79,5 % de matière organique;
en laquelle sont:

Albumine (azote × 6,25)	9,0 %
Fibre ligneuse	36,5 »
Substances extractives non azotées . . .	31,6 »
Graisse	2,4 »

Comparativement à d'autres graminées, la houlque ne contient donc qu'une médiocre proportion d'albumine. Quant au degré de digestibilité de ces différentes matières, nous ne connaissons pas d'expériences faites là-dessus, mais, en tout cas, elle ne doit être que faible, à cause du revêtement poilu qui s'étend sur toutes les parties de cette plante. On peut admettre, en principe général, que d'un fourrage qui n'est guère appétissant pour le bétail il se digère aussi une moindre quantité que de celui qui en est mangé volontiers.

Récolte, impuretés et falsifications de la semence. Une grande partie de celle qui se rencontre dans le commerce n'est que de la criblure du ray-grass anglais. En Ecosse, où la houlque végète comme mauvaise herbe au milieu de ce dernier, sa semence en est séparée, après le battage, au moyen du tarare. Il est vrai que de cette manière, il passe aussi avec elle, grâce à leur légèreté, une quantité de grains vides du ray-grass anglais. C'est pourquoi la semence de houlque obtenue ainsi n'est pure que dans la proportion de 30 à 40 % et le reste consiste en fruits vides ou balles de ray-grass anglais. Récolte.

Une autre partie de la semence du commerce provient de l'Allemagne et a été prise de plantes arrachées ou coupées dans les lieux où elles abondent à l'état sauvage, comme les clairières des bois, les coupes de forêts, etc. A cause de son bas prix, il n'y a pas de profit à cultiver la plante en vue de ce produit, quelque facile qu'il soit d'ailleurs à obtenir.

Werner estime à 100 kil. le rapport de l'hectare en semence, ce qui, en mettant le prix marchand du quintal à fr. 30, équivaut à un revenu brut de fr. 60. Rendement.

Impuretés. Les impuretés ordinaires de cette semence consistent, à côté de la graine du ray-grass, en celles du brome doux *(Bromus mollis, L.)*, fig. 23, et, en petite quantité, de quelques espèces de luzule (*Luzula*) et d'autres mauvaises herbes.

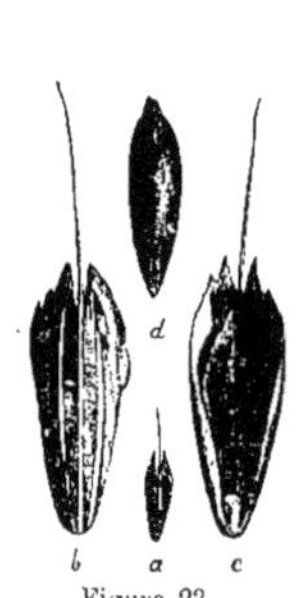

Figure 23.
Brome doux. *Bromus mollis, L.*
a. Faux-fruit en grand. natur.;
b. idem grossi, face dorsale;
c. idem grossi, face ventrale;
d. caryopse grossi.
(D'après Nobbe.)

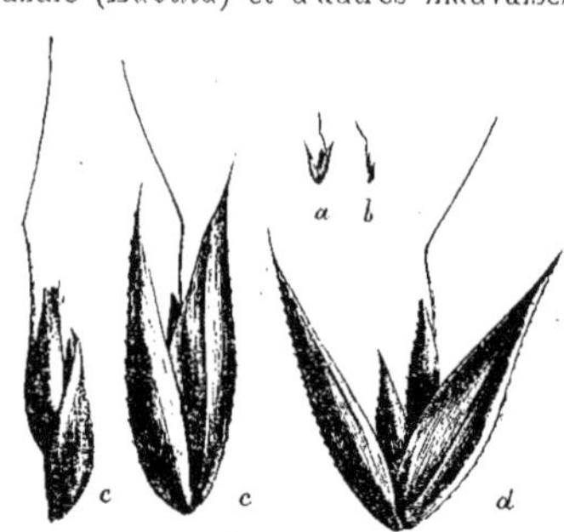

Figure 24.
Houlque molle. *Holcus mollis, L.*
a. et *b.* Epillets en grand. natur.;
c. et *d.* Epillets grossis 7 fois;
e. Epillet sans les glumes, grossi 7 fois.
(D'après Nobbe.)

Figure 25.
Houlque laineuse.
Holcus lanatus, L.
a. Faux-fruit (épillet) en grand. natur.; *b.* idem grossi;
c. Epillet sans les glumes.
(D'après Nobbe.)

Falsifications. Une semence qui coûte si peu a l'avantage de n'être guère exposée à des falsifications. Cependant il s'y rencontre quelquefois la graine de la houlque molle *(Holcus mollis, L.)*, fig. 24, mais, à notre avis, elle y est plutôt par suite de circonstances naturelles que d'une intention frauduleuse. En revanche et par la susdite raison, la houlque laineuse sert à falsifier des semences plus chères, comme, par exemple, celle du vulpin des prés. Elle entre aussi, communément et en forte proportion, dans la composition des mélanges qui se trouvent tout faits dans le commerce.

Qualité. **Semence et semis.** La pureté moyenne est de 68,2 % et la faculté germinative de 34 %. La semence d'Allemagne est ordinairement plus pure que celle d'Ecosse; mais, chez cette dernière les ingrédients étrangers se composent d'éléments ou innocents ou même utiles, ceux-ci consistant en bonne graine de ray-grass anglais et les autres, qui sont les plus nombreux, étant des fruits vides de la même graminée, tandis que l'allemande contient souvent une assez grande quantité de graines de mauvaises herbes. Une marchandise de première qualité doit avoir 80 % de semence pure, avec 50 % de grains capables de germer, soit 40 % de grains purs et en état de germer. Celle que nous fournit le commerce est le plus souvent à grains renfermés dans les glumes: un kilo de semence pure contient 2,870,000 grains et 1000 grains pèsent $0,_{33}$ grammes. Il est rare qu'elle se rencontre dans le commerce à l'état nu ou dépouillée des glumes (fig. 25, *c*). L'hectolitre en moyenne pèse 8,5 kilos.

Quantité. Pour ensemencer une hectare il faut 25 kilos d'une semence à 40 % ou 1000 centièmes de kilo, soit pour l'arpent 9 kilos ou 360 centièmes de kilo. En admettant fr. 0,80 comme prix d'achat du kilo, la dépense pour l'ensemencement de l'hectare revient à fr. 20, ou à fr. 7. 20 par arpent.

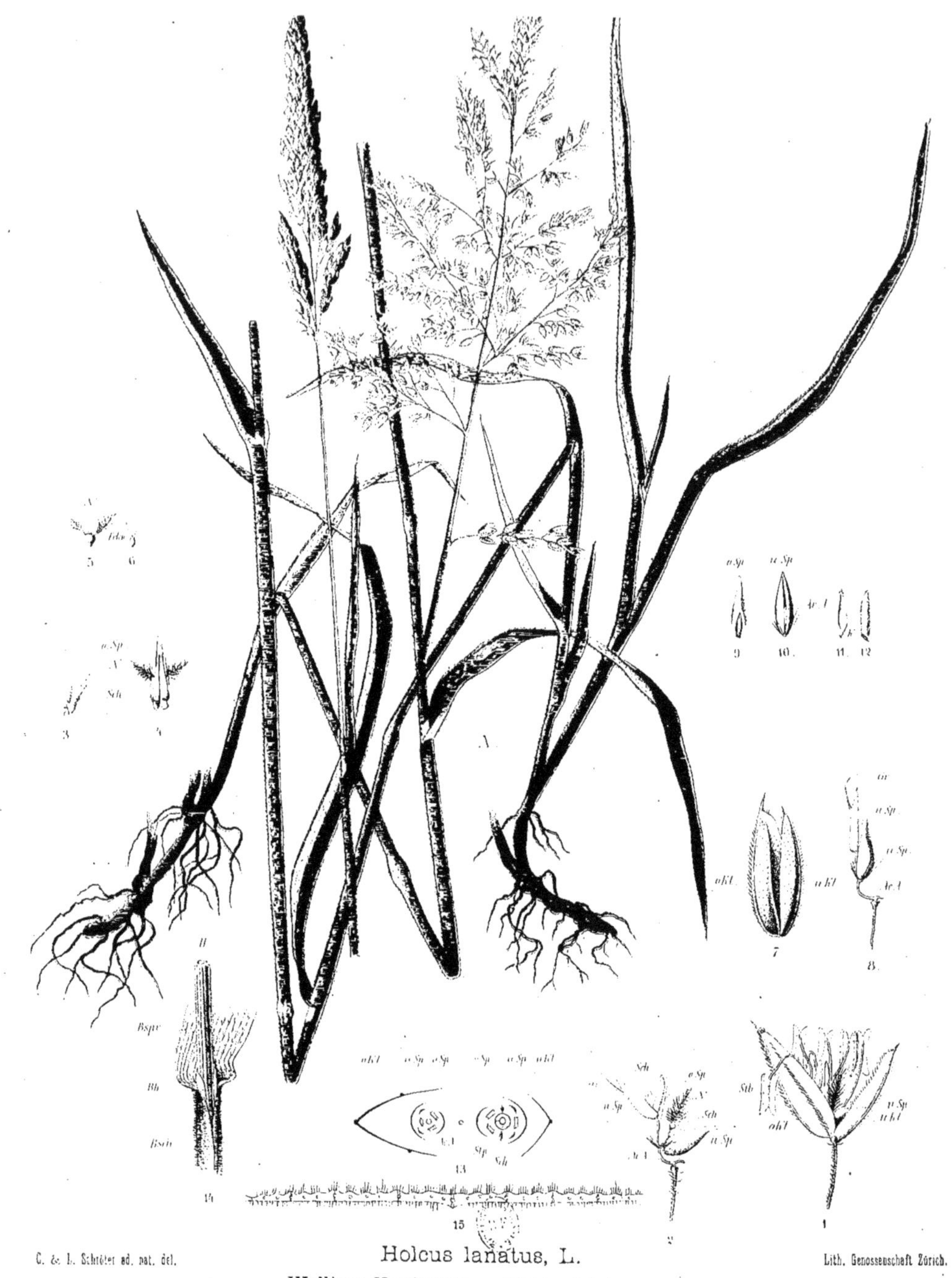

C. & L. Schröter ad. nat. del.

Holcus lanatus, L.

Wolliges Honiggras. — Houlque laineuse.

Lith. Genossenschaft Zürich.

La houlque laineuse, en la mettant dans un terrain convenable, n'est bonne qu'à être associée à du trèfle ou à entrer dans un mélange destiné pour des prairies temporaires ou permanentes. Si le sol est tourbeux, on peut donner jusqu'à 30%, et de même si l'on a affaire à un sable aride; mais on en prend beaucoup moins pour une bonne terre, et le mieux c'est encore d'y refuser tout accès à cette plante. Mélanges.

Explication de la planche 7.

(Figure A en grand. natur., fig. 1 à 12 grossies 6 fois, fig. 14 grossie 2 fois, fig. 15 grossie environ 10 fois.)

Fig. A. Deux plantes entières, une panicule avant et l'autre pendant la floraison.
» 1. Epillet entier fleurissant.
» 2. Le même dépouillé des glumes (sans les étamines).
» 3. Glumelle supérieure et squamules de la fleur hermaphrodite vues latéralement.
» 4. Les mêmes et le stigmate vus antérieurement.
» 5. Pistil de la fleur fertile.
» 6. » » stérile.
» 7. Epillet fructifié.
Fig. 8. Le même sans les glumes.
» 9. Faux-fruit dépouillé de la glumelle inférieure.
» 10. Faux-fruit vu sur la face ventrale.
» 11. Caryopse vu sur la face sillonnée.
» 12. » vu latéralement, avec l'embryon à la base.
» 13. Diagramme de l'épillet.
» 14. Partie de tige avec une gaîne et une ligule.
» 15. Coupe transversale de la feuille.

VIII. La Fléole des prés ou Timothy.

Phleum pratense, L.

Famille des Graminées.

Le nom scientifique de cette graminée, traduit du latin, est Fléole des prés; mais elle est connue vulgairement sous celui de Timothy, qui lui est venue d'un agronome nommé Timothy *Hanson*, par qui la culture en fut répandue, au milieu du siècle passé, dans la Caroline d'abord, et plus tard dans la Virginie (Amérique du Nord). Pierre *Wynch*, président de la Société d'agriculture de Londres, fit venir, en 1760, de la semence de cette espèce ainsi que de plusieurs autres graminées, d'Amérique en Angleterre, où cette nouvelle plante fourragère fut bientôt appréciée de toutes parts. En 1765, elle fut recommandée dans l' *Annual Register* et dans le *Museum rusticum* comme méritant d'être cultivée de plus en plus, et dans les années suivantes elle fut vantée aussi par les publications de différentes sociétés agricoles du continent. Dénomination et Histoire.

Dans l'Allemagne du Nord et dans les Etats-Unis, le timothy est aujourd'hui la graminée la plus cultivée, soit en semis pur soit en mélange avec le trèfle rouge: dans le Holstein et le Mecklenbourg elle constitue généralement les prés à pâturer. Nous voyons aussi que, d'année en année, la culture s'en propage davantage dans l'Allemagne méridionale, l'Autriche, la Russie, ainsi que dans la Suisse: car il ne saurait être remplacé par aucune autre graminée pour tirer parti des terres lourdes, froides et humides, même de celles qui ont été peu cultivées. Un grand avantage qu'il présente, c'est que la semence en est à bon marché et qu'elle lève facilement, Valeur agricole.

de sorte qu'un champ de timothy s'établit à peu de frais. On le loue aussi d'avoir la propriété d'étouffer la végétation des mousses. Cependant il n'est pas sans avoir ses inconvénients, notamment d'être une herbe tardive et fort exposée à durcir. Quoiqu'il en soit, ce que nous allons en dire dans les pages suivantes montrera que la fléole des prés est une plante fourragère très précieuse.

Description botanique.

Description botanique. La fléole des prés gazonne en touffe unie et assez dense ; les pousses latérales sont intravaginales, mais elles partent de bonne heure de la gaîne par une déchirure longitudinale ; il n'y a point de stolons. Les vieilles gaînes des feuilles inférieures se décomposent en filaments (fig. A). Tiges de 30 à 80 centim., lisses, ascendantes ou dressées, un peu coudées et souvent radicantes aux nœuds inférieurs. Chez les plantes des lieux secs la base de la tige est souvent épaissie en bulbe. Feuilles à préfoliaison convolutée, d'un vert jaunâtre, plus ou moins rudes et finement striées en dessus, à ligule courte et obtuse dans les feuilles inférieures, plus allongée et pointue dans les supérieures. Iflorescence en épillets étroitement rapprochés en panicule spiciforme ou épi cylindrique, compacte et régulier, atteignant ordinairement une longueur de 45 à 60 millim., et même de 18 à 27 centim. dans les terres grasses. Les rameaux très courts de l'axe de l'épi sont soudés à lui inférieurement Epillets uniflores. Glumes 2 (fig. 1, 2, 8 *u. Kl.* et *o. Kl.*), oblongues, presque égales, non soudées entre elles (ce qui distingue ce genre de l'*Alopecurus* ou Vulpin) ; plus longues que les glumelles et les cachant entièrement, comprimées-carénées, tronquées brusquement à angle droit et acuminées en une arête (fig. 1, 2. *Gr.*) plus courte qu'elles, raide et courbée en dehors, en laquelle se prolonge la carène, qui est ciliée de poils raides. Glumelles 2, membraneuses-minces, de moitié plus courtes que les glumes : l'inférieure (fig. 3, 5, 6, 8 *u. Sp.*) 5-nerviée, tronquée, mutique ou mucronée par le prolongement de la nervure médiane ; la supérieure bicarénée (fig. 3, 5, 6, 8, *o. Sp.*). — Squamules 2 (fig. 4, 8, *Sch.*), très-petites, denticulées au sommet. Ovaire glabre. Stigmates 2 (fig. 2 à 4, *N.*), plumeux, à poils rameux dans la moitié supérieure, par laquelle ils dépassent les glumes. Pendant l'anthèse, les glumes et glumelles sont à peine écartées, et les étamines et stigmates sortent au *sommet* de l'épillet ; mais il ne peut y avoir fécondation entre eux, par la même raison que chez le ray-grass anglais.

Fruit (fig. 5, 6) ovale, enveloppé étroitement des glumelles, qui sont indurées, lisses, luisantes, d'un gris-argenté, très-petit, n'ayant en moyenne, avec les glumelles, que $0^{m},0015$ de longueur. Caryopse (fruit dépouillé des glumelles), oblong, finement chagriné, presque cylindrique en haut, rétréci à la base, où est le germe, qui est de couleur foncée ; dans la semence du commerce il se trouve aussi des caryopses nus.

Variétés

Variétés. Différents auteurs décrivent sous le nom de Fléole des prés bulbeuse *(Phleum nodosum, L.)*, une forme assez commune, qui se produit dans les endroits secs et est caractérisée par la base des tiges renflée en bulbe. Ce n'est pas là une variété véritable, mais une forme résultant de la nature particulière de la station. Ce renflement du bas des tiges ne se rencontre jamais dans les pieds croissant en des lieux humides. A côté du type il n'a été distingué que deux variétés véritables, par Döll et De Candolle, d'après la longueur de l'arête des glumes, qui, dans l'une, est plus longue et, dans l'autre, plus courte que d'ordinaire. Mais, agricolement, il ne peut y avoir aucune différence entre le type de l'espèce et ces variétés.

Distribution géographique.

Habitat, climat, sol, engrais. Dans les premiers temps de la culture du timothy en Europe, on en tirait la semence d'Amérique, sans que les agriculteurs se doutassent que la plante est indigène aussi dans l'ancien monde. La fléole des prés croît à l'état sauvage dans toute l'*Europe*, excepté dans la Russie arctique, dans la Grèce et la majeure partie de la Turquie ; en *Afrique*, dans l'Algérie ; en *Asie*, dans le Caucase, la Géorgie, le Talüsche, et dans toute la Sibérie (Oural, Altaï, Baïkal) ; dans l'*Amérique du Nord :* Terre Neuve, Saskatchewan, Fort Vancouver.

Stations.

Chez nous cette graminée se trouve aux bords des chemins, des fossés, des champs, sur les prés et les pâturages, jusque dans la région alpine.

Limites d'altitude.

Dans l'Angleterre elle se rencontre jusqu'à la hauteur de 350 m., dans l'Auvergne jusqu'à 1000 à 1200 m., dans la Haute-Engadine à 1700 m., au Port de Vénasque, dans les Pyrénées, à 2400 m., dans le Sud de l'Espagne entre 2100 et 3100 m. ; dans le Caucase, entre 800 à 1600 m. et sur le Kasbek jusqu'à 2900 mètres.

Climat.

Bien que cette plante préfère un sol frais et même humide, elle supporte aussi fort bien la sécheresse, mais produit alors des feuilles, des tiges et des inflorescences très réduites en longueur, et n'est, par conséquent, que de peu de rapport. De même, elle résiste beaucoup mieux que la plupart des autres graminées à la rigueur des hivers, quelque froids et privés de neige qu'ils puissent être. C'est pourquoi elle s'approprie bien à des terrains sur lesquels d'autres de nos plantes cultivées sont exposées à se déchausser pendant l'hiver.

Sol.

Le timothy réussit le mieux dans les limons et les argiles qui ont de la fraîcheur, et il est du plus grand prix pour les sols tourbeux qui ont été asséchés, ainsi que pour les terres lourdes, humides et froides. Mais il est d'un produit incertain sur les sols trop arides et les calcaires chauds et peu profonds. Dans l'Allemagne du Nord on le cultive souvent sur des sables limoneux, à la fois comme plante à pâturer et à faucher.

Epuisement du sol.

1000 % de foin de timothy tirent du sol :

Azote . . .	15.5 %	Chaux	4.7 %
Acide phosphorique	6.9 »	Magnésie . . .	1.8 »
Potasse . . .	20.4 »	Acide sulfurique . .	1.7 »
Soude . . .	1.4 »	Silice	18.9 »

Engrais.

L'expérience a prouvé que l'engrais servi au timothy se retrouve largement dans le produit qu'il donne. *B. Heinrich* a trouvé qu'en traitant au sulfate de potasse une terre pauvre, légère et sableuse, on en augmentait beaucoup le rapport en timothy. Il est avantageux aussi pour cette graminée de recevoir une fumure de lisier ou simplement des irrigations d'eau.

Végétation. Développement.

Végétation, rendement, valeur fourragère. Cette graminée produit des touffes fasciculées qui sont médiocrement serrées et, en semis pur, elle ne forme donc pas un gazon bien consistant. C'est, en général, une plante tardive, et ce n'est qu'à la fin de juin que ses épis poussent hors des gaines, pour fleurir seulement en juillet. Néanmoins, le timothy, mélangé à d'autres graminées ou à des trèfles, donne à la fenaison un grand produit, parce que son foin est plus lourd que celui de toute autre graminée. Sous un petit volume il contient beaucoup de matière nutritive, et certains agronomes ont trouvé que du foin dans lequel le timothy était en forte proportion pesait jusqu'à 20-30 quintaux la toise ($5_{,832}$ mct. cub.). Il devrait toujours être fauché avant la fleur et avant que tous les épis ne soient sortis des gaines, sans quoi les fibres deviennent trop ligneuses, et il en résulte un foin grossier et dur. La première coupe est d'ordinaire plus productive que les suivantes.

Récolte. Rendement.

Le produit varie beaucoup d'après la nature du sol ainsi que son état de fumure et le degré d'humidité. *Sinclair* a obtenu d'un limon argileux, en quintaux :

	par hectare		par arpent	
	vert	sec	vert	sec
Au milieu d'avril . .	121		44	—
A la fleur . . .	914	388	328	140
A la maturité de la graine	914	434	328	156
Regain	213	—	77	—

Vianne en porte le rendement par hectare à 120—300 quintaux de foin. D'après *H. Werner* on a eu, à Bonny, sur un terrain sablonneux, 120—140 quintaux, et, à Grignon, sur une bonne terre, 120 quintaux. *Sprengel* en estime le produit à 80—100 quintaux. *Pinkert*, sur un limon peu profond et à sous-sol humide, a eu 92 quintaux, comme rapport de la deuxième année. Toutes ces quantités se réfèrent à l'hectare.

Valeur fourragère.

Le timothy, pur ou mélangé avec du trèfle en forte proportion, convient mieux comme fourrage vert qu'à l'état sec, parce que le foin, même si l'herbe a été coupée dans toute sa fraîcheur, se durcit toujours quelque peu à la dessiccation. Cependant on fait grand cas du foin de timothy pour la nourriture des chevaux. Mais, si cette graminée ne se trouve dans un mélange que dans la proportion de 10 à 20 %, le foin n'en devient pas d'un goût désagréable, et l'on ne risque rien à mettre ce fourrage à l'état sec.

100 ℔ d'herbe donnent, d'après nos propres recherches, 32.4 ℔ de foin, avec 14 % d'eau, et 34.9, d'après celles de Wolff.

D'après *Wolff*, le foin contient les proportions suivantes de matières nutritives:
81.2 % de matière organique, en laquelle se trouvent:

		dont la partie assimilable est de
Albumine (Azote × 6.25)	9.7 %	5.8 %
Fibre végétale	22.7 %	43.4 % (Fibre et Substances ensemble)
Substances extractives non azotées	45.8 %	
Graisse	3.0 %	1.4 %
Proportion des éléments nutritifs	1 : 8.0	

D'après des analyses faites au laboratoire de Zurich, le timothy contenait dans la première année de son développement:

	vert	foin	sans eau
Matière sèche	27.84 %	86.00 %	100.00 %
Cendre	2.17 %	6.70 %	7.79 %
Albumine (Azote × 6.25)	1.90 %	5.88 %	6.84 %
Fibre végétale	9.69 %	29.93 %	34.82 %
Substances extractives non azotées	13.25 %	40.64 %	47.58 %
Graisse	0.83 %	2.55 %	2.97 %

Azote non combiné dans l'albumine = 0.323 % de la matière sèche.

Il s'en suit que le timothy, relativement à d'autres plantes fourragères, se distingue par une proportion moindre d'albumine et plus forte de substances extractives (sucre, amidon, etc.). Pris seul, il ne serait donc pas un fourrage avantageux, et c'est mieux de l'employer en mélange avec du trèfle ou d'autres plantes plus riches en albumine.

Récolte.

Récolte, impuretés et falsifications de la semence. Cette semence se récolte facilement. A cette fin, le timothy est cultivé en semis pur, et l'on procède à la coupe lorsque les épis commencent à prendre une nuance jaune-rougeâtre et que dans ceux qui sont d'une maturité plus précoce, les épillets fructifères se détachent à la base de l'axe. On le fait par un jour de soleil, avec la faux armée qui dispose les chaumes en andains réguliers, et on les laisse sécher pendant deux ou trois jours; ou bien on les lie le soir en petites gerbes qui sont dressées en moyettes pour finir de mûrir, ce qui prend de quatre à cinq jours, suivant le régime atmosphérique. Dans les plantes en moyettes, la pluie ne peut guère nuire à cette semence. Lorsque les gerbes sont séchées, on les transporte à la ferme, pour être battues pendant les froids de l'hiver.

Rendement.

La petitesse des graines du timothy étant compensée par leur abondance, le produit en semence ne laisse pas d'être considérable.

Pinkert en a obtenu, dans des circonstances favorables, de 16 à 20 quintaux par hectare, et *Werner* en estime le rapport à 6–16 quintaux. Une marchandise dont la production est si facile et si fructueuse est naturellement à bon marché: en gros, le quintal se paie de fr. 35 à 40. *Sprengel* dit qu'à cause de son bas prix cette graine sert à préparer un gruau, qui est d'aussi bonne qualité que celui qu'on fait, dans l'Allemagne du Nord, avec la glycérie flottante (*Glyceria fluitans*, K.)

Dans la Silésie, cette semence se retire aussi des mélanges de trèfle rouge et de timothy. Comme elle est très fine et tombe plus facilement que celle de l'autre plante, il est aisé, après le battage, de la séparer au moyen du crible des capitules de trèfle, ainsi que des graines qui peuvent être sorties de ceux-ci.

Dans un champ où du blé succède au timothy, et notamment si l'on n'a labouré qu'une seule fois, la graminée fourragère repousse en partie entre les sillons et se mêle à la céréale, ce qui a fait prétendre autrefois, mais bien à tort, que le timothy nuisait au sol en l'infestant de ses racines vivaces. Il se développe alors avec force au milieu du blé et arrive souvent à une hauteur de quatre pieds, avec des épis longs de huit à neuf pouces et très riches en semence. Comme celle-ci mûrit à peu près en même temps que le blé d'hiver, il est facile de la retrouver plus tard comme produit accessoire, en la séparant des grains de la céréale au moyen de cribles à mailles d'une ouverture de 1 à 1 ½ millimètres. *Pinkert* a obtenu ainsi, par hectare, au moins 2 quintaux de semence de timothy.

Commerce de la semence.

La semence de timothy provient en général de l'Amérique du Nord et en partie de l'Allemagne orientale et de l'Autriche. Nous ne sachions pas qu'il ait été fait avec précision des expériences comparatives sur la manière dont se comportent à la culture les semences de l'ancien et du nouveau monde. Toujours est-il que nous n'avons pas pu constater de différence entre elles, pendant la première année des expériences faites dans le champ d'essai de notre Station de contrôle des semences. D'ordinaire, celle d'Amérique est beaucoup plus pure que l'européenne, qui contient souvent des ingrédients étrangers dans la proportion de 10 à 20 % et même davantage, lesquels sont ou de la terre et autres substances ou, ce qui est plus grave, des graines de mauvaises herbes. C'est ainsi que dans la semence reçue de Breslau, il se trouve fréquemment et en grande quantité les graines de la fausse camomille *(Anthemis arvensis, L.)*, du behen blanc *(Silene inflata, Sm.)*, du céraiste commun *(Cerastium triviale, Link)*, de la spargoute ou fourrage-de-disette *(Spergula arvensis, L.)*, de l'oreille de souris *(Myosotis intermedia, Link)*, du plantain lancéolé *(Plantago lanceolata, L.)*, de la petite oseille *(Rumex Acetosella, L.)*, de la brunelle *(Prunella vulgaris, L.)*, de la sabline à feuilles de serpolet *(Arenaria serpyllifolia, L.)*, de la grande marguerite *(Chrysanthemum Leucanthemum, L.)* et même de la petite cuscute ou teignasse *(Cuscuta Trifolii,* Babingt. et Gibs.). Cette dernière graine arrive dans la semence du timothy dans les cas où celle-ci a été tirée de plantes qui étaient en mélange avec du trèfle infesté de cuscute. Pendant le criblage, la fine graine de cuscute passe avec celle de notre graminée et y reste mêlée. Il est vrai que la cuscute ne s'attaque point au timothy, mais elle peut, s'il est semé avec un trèfle, devenir nuisible à celui-ci. Aussi, en achetant la semence en question, faut-il, autant qu'on le fait pour le trèfle, prendre garde à ce qu'elle ne contienne point de graine de cuscute. Nous n'avons pas connaissance qu'il s'en soit jamais rencontré dans de la semence de timothy venue d'Amérique.

Impuretés.

Falsifications

Cette semence étant si peu chère, il lui arrive rarement d'être falsifiée. Jusqu'à présent nous n'y avons découvert parfois que des additions de sable gris. Comme la graine du timothy est grise également, c'est là une falsification qui échappe à un examen superficiel ; mais, en y regardant de plus près, il est très facile de la reconnaître.

Qualité. **Semence et semis.** Celle du commerce est le plus souvent à grains encore enveloppés des glumelles; mais une partie en est aussi dépouillée, et ceux qui sont nus sont d'autant plus nombreux que les grains étaient plus mûrs et ont été battus plus fortement. Chez une bonne semence fraîche, les glumelles doivent être d'un blanc grisâtre, presque argenté; mais si ces organes sont d'un gris foncé, c'est une preuve qu'elle a souffert de la pluie. La moyenne de 170 essais faits de 1876 à 1882 nous a donné 96,6% pour la pureté et 85% pour la faculté germinative, ainsi que le chiffre de 2,575,000 grains pour le kilo de semence pure. Le timothy américain est d'ordinaire à grains plus petits que celui d'Allemagne. L'hectolitre pèse en moyenne près de 60 kilos. D'une bonne marchandise moyenne on peut exiger 97% de pureté et 90% de faculté germinative, soit 87,3% de grains purs et capables de germer: dans ce cas, la quantité qui s'emploie en moyenne pour ensemencer un hectare est de 18 kilos ou

Quantité. de 1566 centièmes de kilo, soit, par arpent, de $6^1/_2$ kilos ou de 566 centièmes de kilo. Grâce à sa forme arrondie, la graine de timothy peut très bien être semée au moyen du semoir usité pour le trèfle.

Mélanges. Si la plante se cultive seulement pour servir de fourrage, il convient de ne l'employer qu'en mélange avec du trèfle ou d'autres graminées, et cela qu'il s'agisse de champs à trèfle mélangé de graminée ou de prés soit temporaires soit permanents. C'est notamment avec les trèfles rouge et bâtard que le timothy s'associe le mieux. Pour un tel mélange, les Anglais prennent d'ordinaire de 2 à 3 livres de timothy par arpent. Pour les prés temporaires, la proportion qui en entre dans un mélange varie de 5 à 20%, suivant la nature du sol; mais pour les prés permanents, elle ne doit jamais dépasser 10%, parce que cette graminée n'étant pas de longue durée, le gazon qu'elle forme devient de plus en plus mince pendant les troisième et quatrième années. Le timothy a une souche qui s'enracine profondément et, par conséquent, il prospère le mieux dans un sol meuble et profond. La semaille se fait, du reste, de la même manière que pour les autres graminées à graines fines. Celles-ci ne doivent être enfouies que peu, au plus à un centimètre de profondeur. Dans une terre forte, fraîche ou humide, il suffit de donner un roulage avec un instrument pesant.

Maladies. Le timothy est affecté çà et là d'une maladie causée par un champignon parasite (*Epichloe typhina, Tul.*), qui a été appelé par *Sorauer* « moisissure étouffante » et qui recouvre toute la gaîne de la feuille supérieure, en y formant comme un étui d'un tissu assez serré. Ce revêtement, qui consiste dans le mycélium ou la souche filamenteuse du champignon, est d'abord d'un blanc grisâtre et devient jaune plus tard. Lorsque cette maladie infeste un grand nombre de plantes, Jules *Kühn* conseille de couper l'herbe au plus vite et de faire, s'il se peut, pâturer le champ par des moutons.

Ressemblance avec le Vulpin des prés. La fléole et le vulpin des prés, qui se ressemblent extérieurement, ont souvent été comparés au point de vue de la valeur agricole; mais il n'y a pas de raison de le faire, puisque la seconde de ces graminées s'emploie le plus souvent à une autre fin que la première. En ce qui est de leur apparence extérieure, elles se distinguent aisément entre elles à leur épillet fructifère (voyez pl. VIII., fig. 1 et pl. IX, fig. 4). En outre le vulpin est plus prompt à se développer au printemps.

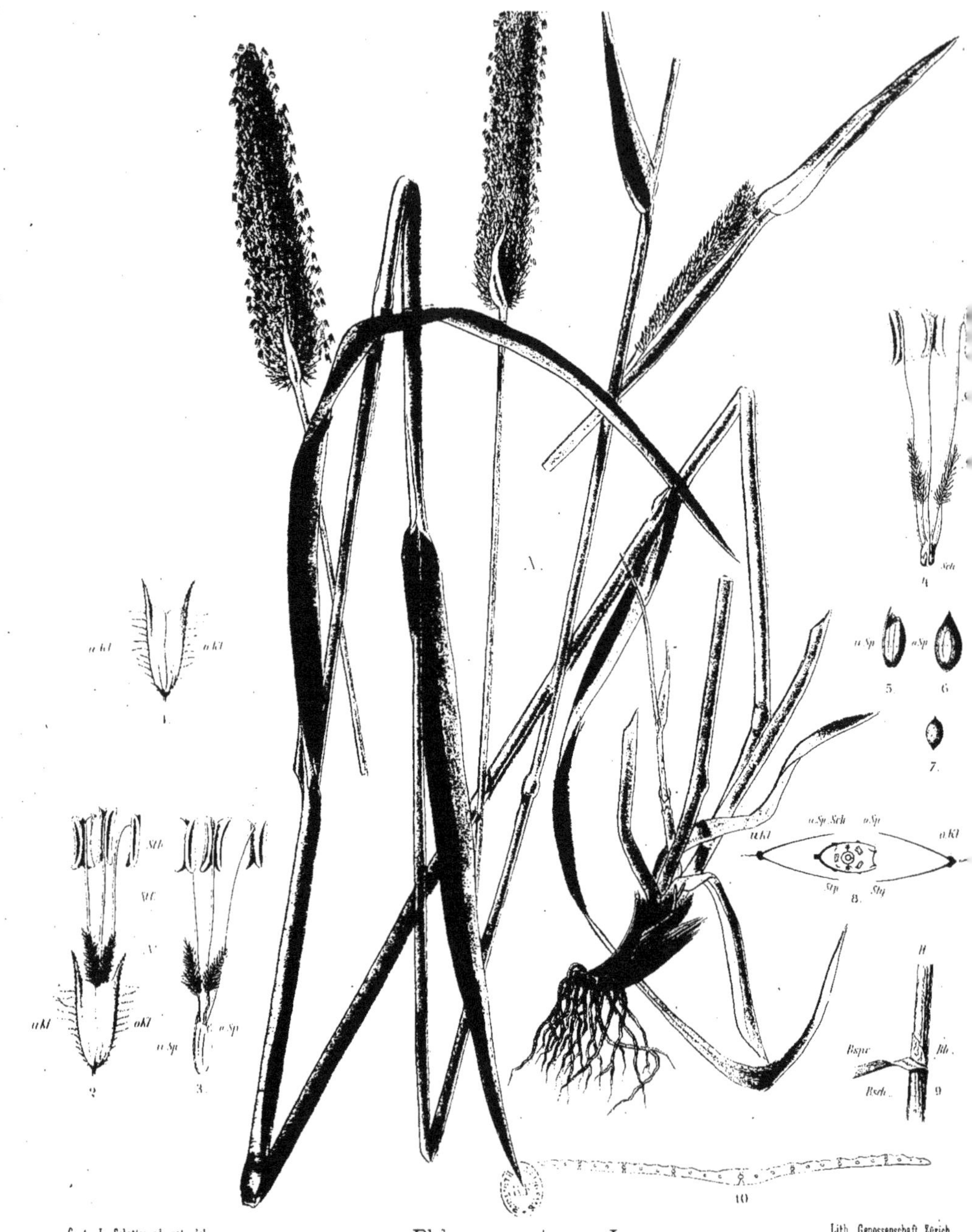

C. & L. Schröter ad. nat. del. Lith. Genossenschaft Zürich.

Phleum pratense, L.

Timothy-Gras — Phléole des prés.

Explication de la planche 8.

(Figure A en grandeur naturelle; fig. 1 à 7 grossies 6 fois, fig. 9 grossie 2 fois, fig. 10 grossie environ 10 fois.)

Fig. A. Plante entière en fleurs.
» 1. Epillet avant la floraison; tel est aussi l'épillet fructifère.
» 2. Epillet fleurissant.
» 3. Fleur avec ses glumelles.
» 4. Fleur seule.
» 5. Faux-fruit (caryopse enveloppé des glumelles) vu latéralement.
Fig. 6. Faux-fruit vu du côté de la glumelle supérieure.
» 7. Caryopse nu.
» 8. Diagramme de l'épillet.
» 9. Partie de tige avec la gaîne, le bas du limbe et la ligule d'une feuille.
» 10. Coupe transversale du limbe de la feuille (d'après Lund).

IX. Le Vulpin des prés.

Alopecurus pratensis, L.

Famille des Graminées.

Le nom français de cette plante est la traduction de son nom botanique latin. La culture en avait déjà été recommandée par *Linné*, mais elle n'a commencé que dans ces derniers temps. Dénomination et Histoire.

C'est une plante haute, vivace, donnant avec abondance un fourrage excellent, et, par conséquent, une des graminées les plus précieuses pour les prairies qui doivent durer plus ou moins longtemps. Valeur agricole.

Description botanique. Le vulpin des prés (fig. B) a un rhizôme épais, oblique, émettant des pousses latérales extra-vaginales qui, après être sortis à angle droit de la base de leur gaîne, deviennent des stolons qui commencent d'ordinaire par se diriger horizontalement sur un *court* espace, et s'élèvent ensuite en tiges aériennes, placées à une certaine distance les unes des autres; rarement un ou plusieurs de ces stolons prennent immédiatement une marche ascendante, pour produire des tiges rapprochées en touffe. Les gaînes inférieures sont d'abord incolores à la base et plus tard elles deviennent brunes, mais *sans* se décomposer en filaments. Tiges hautes de 60 à 90 centim., souvent genouillées-radicantes aux nœuds inférieurs. Feuilles à préfoliaison convolutée, très allongées, et fortement striées en dessus (fig. 10), rudes aux bords, à gaîne lisse, celle des supérieures un peu renflée; ligule assez longue et obtuse (fig. 9). Inflorescence en panicule spiciforme cylindrique, longue de 3 à 10 centim., chaque rameau portant de 4 à 10 épillets, à pédicelles très courts (fig. A). Epillets uniflores. Glumes 2, plus longues que la fleur, égales entre elles, lancéolées, aiguës, comprimées-carénées, longuement ciliées sur la carène et les nervures latérales, *soudées* entre elles dans leur *tiers* inférieur (fig. 1, 4, 8, *u. Kl.* et *o. Kl.*). Glumelle supérieure nulle; l'inférieure (fig. 1, 2, 4, 5, 8, *u. Sp.*) membraneuse, à bords soudés inférieurement, cachant la fleur, munie sur le dos, un peu au-dessous du milieu, d'une arête coudée, ordinairement deux fois plus longue qu'elle (fig. 1, 2, 4, 5, *Gr.*) *Squamules nulles.* Fleur ne consistant qu'en 3 étamines et un pistil (fig. 3). Etamines d'abord jaunes, ensuite brunes ou violettes. Ovaire glabre. Styles 2, soudés inférieurement, stigmates allongés, minces, pubescents-plumeux (fig. 3). Pendant l'anthèse les glumes et la glumelle gardent à peu près leur position réciproque (fig. 1), si ce n'est que celle-ci s'ouvre un peu au sommet pour donner issue aux anthères et aux stigmates. Ici encore, comme chez la plupart des Graminées, il n'y a pas auto-fécondation de la fleur, parce que les anthères sont déjà pendues en dehors *avant* de s'ouvrir. Le fruit est enveloppé de la glumelle et des glumes. L'état fructifère de l'épillet ne se distingue extérieurement de l'état fleurissant qu'en ce que Description botanique.

l'arête a éprouvé une torsion dans sa moitié inférieure (fig. 4, 5). L'épillet, sans l'arête, est long de 2 mm., et avec elle de 8 mm.; le faux-fruit est de la même longueur. Caryopse libre, long de 2 – 2½ mm., ovale, comprimé latéralement, jaune, portant le petit embryon à l'un de ses angles (fig. 6, 7).

Distribution géographique.

Habitat, climat, sol, engrais. Le vulpin des prés est indigène: presque dans toute l'*Europe*, jusque dans la Lapponie; en *Afrique*, dans la région septentrionale; en *Asie*, dans le Caucase, la Géorgie, la Sibérie (Altaï, Baïkal, Dahourie).

Stations et limites d'altitude.

Il se trouve fréquemment dans les vergers et les prés fertiles, frais et à sol profond, au fond des vallées et sur les terres d'alluvion. Dans les Alpes, il s'élève jusqu'à la hauteur d'environ 1600 mètres.

Climat.

Il n'y a guère de graminée fourragère qui supporte la froidure de l'hiver aussi bien que celle-ci, et les gelées tardives ne lui causent pas grand mal. C'est ainsi qu'on l'a vu n'être que peu éprouvé de celles qui ont si fort sévi en 1882 et desquelles d'autres graminées ont souffert gravement. L'ombrage ne l'incommode pas non plus, et par là il convient parfaitement pour les vergers. Il commence d'ailleurs à se développer déjà en un temps où, les arbres n'étant pas encore feuillés, les rayons du soleil peuvent tomber sur les plantes sises à leur pied.

Sol.

Les terrains maigres et secs ne lui conviennent point: là, sa taille se réduit de plus en plus et il finit par disparaître en peu de temps. Il se cultive avec le plus de succès dans les limons et les argiles riches en humus, dans les sables limoneux et frais, ainsi que dans les bons terreaux. Il se trouve bien également dans les terres même très humides et dans les prairies irriguées, mais ne supporte pas l'eau stagnante.

Épuisement du sol.

1000 ‰ de foin tirent du sol:

Azote	16.6 ‰	Magnésie	0.9 ‰
Acide phosphorique	4.2 »	Acide sulfurique	1.5 »
Potasse	28.9 »	Silice	26.0 »
Chaux	2.6 »		

Engrais.

Une bonne fumure lui profite beaucoup, notamment le lisier, le fumier de ferme, des composts et certains engrais artificiels.

Végétation.

Végétation, rendement, valeur fourragère. Le vulpin des prés se reproduit au moyen des courts stolons de sa souche et, par conséquent, ne talle pas en touffes serrées; aussi, en semis pur, il ne saurait former un gazon uni qui soit de quelque durée. Avec la flouve odorante, il est peut-être la plus précoce des bonnes graminées de nos prés. Il pousse de longues feuilles succulentes déjà dans le commencement d'avril. Au milieu du même mois on voit apparaître les premiers épis, qui fleurissent en mai et ont bientôt des graines mûres. Il donne encore des tiges à la deuxième coupe, avec une quantité de feuilles ayant jusqu'à 40 centimètres de longueur, de sorte que là aussi on obtient un beau produit. On peut très bien avoir trois coupes si la plante est en bonne terre. Dans l'année du semis, le rapport est encore médiocre, il est bon dans la deuxième année, mais ce n'est que dans la troisième année que la plante acquiert son plus fort développement.

Développement.

Rendement.

George *Sinclair* a obtenu d'une argile fertile, par hectare:

	Herbe	Foin
1re coupe (1er juin)	458 quint.	137 quint.
2e » (1er septembre)	183 »	64 »
Total	641 quint.	201 quint.

Vianne a eu d'une bonne terre franche:

		Herbe	Foin
Ire coupe (1er juin)	. .	433 quint.	138 quint.
2e » (1er septembre)	.	204 »	65 »
	Total	637 quint.	203 quint.

Valeur fourragère.

Le tableau suivant de la composition chimique de ce fourrage indique quelle en est la valeur nutritive :

	Herbe		Foin		Matière sèche	
	Ire coupe à la fleur.	IIe coupe pousses feuillées.	Ire coupe.	IIe coupe.	Ire coupe.	IIe coupe.
Eau	73.38 %	75.66 %	14.00 %	14.00 %	—	—
Cendres	3.31 %	2.23 %	10.65 %	7.89 %	12.39 %	9.18 %
Albumine (Azote × 6.25) . .	2.13 %	3.08 %	6.86 %	10.88 %	7.98 %	12.65 %
Fibre végétale	8.62 %	7.07 %	27.77 %	28.16 %	32.30 %	32.74 %
Substances extractives non azotées	12.08 %	9.89 %	39.10 %	35.28 %	45.55 %	41.02 %
Graisse	0.48 %	1.07 %	1.53 %	3.79 %	1.78 %	4.41 %

(Azote non combiné dans l'albumine: Ire coupe 0.154 %; IIe coupe 0.103 % de la matière sèche.)

Des analyses antérieures ont donné les résultats suivants:

	Herbe en fleur		Foin	
	d'après Ritthausen et Scheven	d'après Way	d'après Ritthausen et Scheven	d'après Way
Eau	66.8 %	80.2 %	14.0 %	14.3 %
Cendres	2.1 %	1.5 %	5.4 %	6.6 %
Albumine	2.7 %	2.1 %	7.0 %	10.6 %
Fibre ligneuse	15.5 %	6.7 %	40.1 %	29.0 %
Substances extractives non azotées	12.1 %	8.7 %	31.4 %	37.0 %
Graisse	0.8 %	0.5 %	2.1 %	2.5 %

Les éléments nutritifs s'y trouvent donc en bonne proportion. Ce fourrage est de saveur douce et le bétail le mange volontiers à l'état vert ou sec. Le vulpin étant fort sujet à verser par les temps de pluie prolongés et, en ce cas, à pourrir très vite du pied, on devrait alors le faucher fréquemment.

Récolte.

Récolte, impuretés et falsifications de la semence. Nous avons remarqué ci-dessus que la graine mûrit tôt après la fleur. Cependant il est difficile de la récolter, parce que la maturation en est très-inégale. Beaucoup de grains sont déjà mûrs à la fenaison du vulpin, et dans les prés où abonde cette graminée, c'est à cette époque-là que le cultivateur devrait s'occuper d'en avoir la semence.

C'est ainsi que nous avons pris, en juin 1882, sur le pré de l'hôpital de Zurich, 225 épis de vulpin, en les coupant au couteau, avec un bout de chaume long de 15 centimètres. Ils furent liés en une botte, et celle-ci placée sur une armoire de la maison, où nous la laissâmes sécher durant deux mois. Après ce temps, nous reprîmes la botte, et, en la secouant légèrement, nous en fîmes tomber 3.335 grammes de beaux grains bien pesants: ceux-ci ayant été soumis à l'épreuve de la faculté germinative, elle se trouva être de 52 %, soit d'une proportion rarement atteinte par la semence en question. Cela fait, les plantes furent laissées au repos encore cinq semaines, et après cette seconde période de dessiccation, on les secoua de nouveau, ce qui en fit sortir 6.860 grammes de grains, dont la faculté germinative était de 45 %. En frottant les épis dans la main, nous en retirâmes ce qu'ils retenaient encore de grains, soit 18.6 grammes, mais dans ce restant, il n'y en avait plus que 9 % qui fussent capables de germer. Ces 225 pieds de vulpin nous ont donc donné:

Ire opération 3.355 grammes de grains à 52 % de faculté germinative.
IIe » 6.860 » » » » 45 % » » »
IIIe » 18.600 » » » » 9 % » » »

Total 28.813 grammes, avec une moyenne de 23 % de faculté germinative.

Bien que le troisième lot fut de qualité médiocre, les deux premiers, en revanche, étaient bons, et en partie excellents. Les grains tombés d'abord étaient les plus lourds, comme étant les plus gros et les plus denses ou les mieux constitués. Une quantité de 400 grains pesait,

dans le 1er lot $0._{375}$ grammes
» » IIe » $0._{265}$ »
» » IIIe » $0._{108}$ »

Ce serait chose bien facile à beaucoup de cultivateurs de se procurer ainsi la semence de cette précieuse graminée. Il est préférable de couper les épis, en y laissant un bout de chaume, plutôt que de faire sortir les grains des épis sur pied par un frottage à la main, parce qu'alors la semence a le temps de parfaire sa maturité. Si, dans l'expérience que nous venons de rapporter, nous nous étions contentés d'extraire la semence au moyen du dernier procédé, pour ensuite la laisser sécher quelque temps, le résultat, en ce qui concerne la faculté germinative, eût été bien moins satisfaisant. Quoiqu'il en soit, il est certain, si l'on s'occupe spécialement de la production de cette semence, qu'il importe de laisser les fruits se développer à point et amener leur graine à une maturité parfaite. La maturation procède sur l'épi de haut en bas, ce qui veut dire que c'est la graine des fleurs supérieures qui mûrit la première, et ensuite celle des fleurs situées de plus en plus bas sur l'axe de l'épi. Et il faut en outre qu'on cultive à cet effet le vulpin en semis pur. Les épis sont coupés à la maturité, avec une partie plus ou moins longue de leur tige, et on les laisse mûrir tout à fait en un lieu sec et aéré. Lorsque les plantes sont desséchées au mieux, on les bat au fléau ou à la machine, et, en graduant la force du battage, on obtient la semence en qualités différentes.

Si l'on dépouille de leur semence les épis sur pied, il convient de le faire lorsque les glumes commencent à brunir et que des fruits vont se détachant çà et là de l'axe de l'épi. Mais si l'on coupe les plantes porte-graines, il faut procéder à cette opération un peu plus tôt, afin d'éviter ainsi la perte d'une grande partie de la semence. Il n'y a que la première coupe qui en donne une récolte satisfaisante.

Sprengel nous dit à ce sujet : « Chez le vulpin la récolte de la semence mûre ne se fait qu'avec beaucoup de difficulté : car chaque épi, aussitôt qu'il est devenu jaune ou mûr, doit, en étant tiré entre les doigts, être dépouillé de sa graine isolément; et cela est d'autant plus nécessaire que les épis mûrissent très inégalement et sont fort disposés à laisser échapper leur semence. Pour empêcher qu'il ne s'en perde ainsi beaucoup sous vos pieds, il faut semer le vulpin dans des planches étroites, séparées par des sentiers, et, en ayant soin de l'y cultiver en lignes, on en obtient un produit considérable. La semence après avoir été, par un temps sec, extraite à la main — une femme pouvant bien en récolter ainsi 10 ℔ dans une journée — est aussitôt répandue au large sur le plancher d'un grenier, où on la laisse de dix à douze jours; mais il ne faut pas manquer de la retourner journellement, sans quoi elle devient incapable de germer. »

Impuretés et falsifications.

Dans la semence du commerce il se rencontre souvent les graines de nos deux espèces de houlque, la laineuse et la molle *(Holcus lanatus, L.* et *mollis, L.)*. Il se peut bien qu'on les y ait mêlées en vue d'un profit frauduleux, parce qu'elles sont beaucoup moins chères que celles du vulpin et leur ressemblent quelque peu. Cependant ces dernières se distinguent essentiellement en ce que leurs glumes sont fortement ciliées (pl. 9, fig. 1), tandis que les glumelles des houlques ne sont que légèrement pubescentes (fig. 26 et 27). Le caryopse renfermé dans les glumes est jaune chez le vulpin ; celui des houlques est enveloppé des glumelles, qui sont d'un blanc brillant. Il arrive parfois que la semence du vulpin des prés est falsifiée avec celle du vulpin des champs (*Alopecurus agrestis, L.*), qui est une mauvaise herbe assez commune. Mais celle-ci est beaucoup plus pesante, plus épaisse et plus ferme, convexe sur une

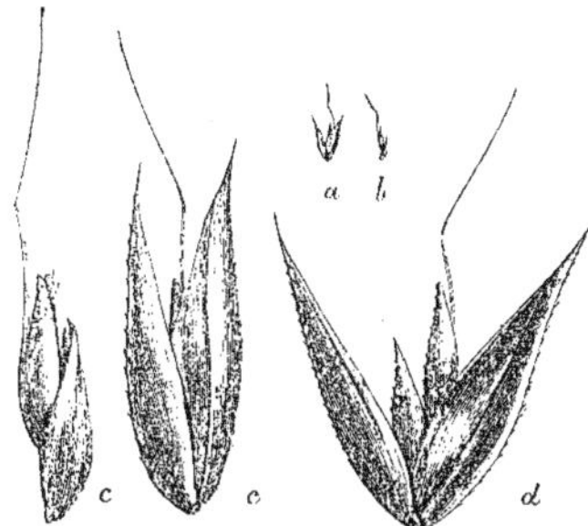

Figure 26.
Houlque molle. *Holcus mollis, L.*
a. et b. Epillet fructifère en grand. natur.;
c. et d. Epillet grossi 7 fois;
c. Epillet sans les glumes, grossi 7 fois.
(D'après Nobbe.)

Figure 27.
Houlque laineuse.
Holcus lanatus, L.
a. Faux-fruit (épillet) en grand. natur.;
b. idem grossi 7 fois;
c. Epillet sans les glumes, grossi 7 fois.
(D'après Nobbe.)

Figure 28.
Mélique ciliée. *Melica ciliata, L.*
Faux-fruit.

face et concave sur l'autre; en outre, les glumes y sont soudées au moins dans leur moitié inférieure, et la carène n'en est que peu garnie de cils. Quant à la falsification avec les graines de la mélique ciliée (*Melica ciliata, L.*) (fig. 28), celle-là se présente plus rarement, et cette graminée-là se distingue aisément du vulpin par les longs poils, blancs et soyeux, de sa glumelle inférieure.

Semence et semis. Dans la semence du commerce, la faculté germinative est d'ordinaire très réduite, ce qui vient de ce que souvent elle est récoltée sans être mûre. Il est rare d'en recevoir chez laquelle cette qualité soit développée suffisamment. On peut désigner comme bonne une marchandise ayant 30 % de grains capables de germer, et comme excellente celle où cette proportion est d'au moins 40 %. Mais les sortes dont la faculté germinative est au-dessous de 30 % sont plus communes que celles où elle dépasse ce chiffre. La moyenne de 79 essais nous a donné 19 % de faculté germinative et 78,7 % de pureté. Celle-ci doit être dans une bonne marchandise de 90 %. Un kilo de semence pure contient 1,996,000 grains. L'hectolitre pèse en moyenne 6 ½ kilos. L'ensemencement d'un hectare demande en moyenne, d'une marchandise à 27 %, 26 kilos ou 702 centièmes de kilo, soit par arpent 9½ kilos ou 257 centièmes de kilo. Qualité. Quantité.

Comme fourrage, le vulpin des prés ne s'emploie qu'en mélange avec d'autres graminées et des trèfles, car, en semis pur, il ne donnerait qu'un produit médiocre les premières années, parce qu'il n'acquiert son plein développement que dans la deuxième ou la troisième année. Associé à la fétuque des prés, au dactyle aggloméré, au raygrass anglais, au fromental ou au trèfle bâtard, il convient surtout pour les prés temporaires d'une durée plus que triennale, et fort bien aussi pour les prés permanents. Mélanges.

Explication de la planche 9.

Figures A et B en grand. natur., fig. 1 à 7 grossies 6 fois, fig. 9 grossie 2 fois, fig. 10 grossie environ 10 fois.

Fig. A. Sommités d'une plante fleurie.
» B. Souche ou rhizôme avec ses courts stolons.
» 1. Epillet fleurissant.
» 2. Epillet après l'ablation des glumes (sans les étamines).
» 3. Fleur: Squamules nulles, étamines coupées.
» 4. Epillet fructifié ou Caryopse enveloppé des glumes et d'une glumelle unique.

Fig. 5. Faux-fruit après l'ablation des glumes, le caryopse n'étant plus enveloppé que de la glumelle unique, aristée.
» 6. Caryopse vu latéralement.
» 7. Caryopse vu sur une coupe transversale.
» 8. Diagramme de l'épillet.
» 9. Partie de chaume, avec la gaîne, la ligule et le bas du limbe de la feuille.
» 10. Coupe transversale d'une feuille (d'après Lund).

X. La Flouve odorante.

Anthoxanthum odoratum, L.

Famille des Graminées.

Dénomination. Cette plante est connue vulgairement sous le nom de *Flouve*, et elle est dite *odorante*, en français comme en latin, à cause du parfum qui s'en exhale, surtout après sa dessiccation.

Valeur agricole. Comme graminée fourragère, elle ne vient qu'au second rang. Elle est d'un rapport médiocre, mais elle communique au foin un arome particulier, dû à un principe nommé *coumarine*, qui existe à un degré plus ou moins fort dans diverses plantes, notamment dans l'alpiste-roseau *(Phalaris arundinacea, L.)*, graminée voisine de la flouve, dans le mélilot bleu *(Melilotus cærulea, Lam.)*, avec lequel se parfume le *schabzieger* de Glaris, dans l'aspérule odorante, petit-muguet ou reine-des-bois *(Asperula odorata, L.)*, et surtout dans la fève de Tonka, qui vient d'un arbre de la Guyane *(Dipteris odorata, W.)*. Aussi est-ce en qualité d'herbe aromatique que la culture en a été fort recommandée autrefois. Mais il n'est pas logique, comme Häfener*) l'a remarqué justement, d'admettre que certaines de nos impressions ou sensations sont identiques chez l'animal, et il n'est pas prouvé que telle odeur, qui est agréable à l'homme, le soit aussi à nos animaux domestiques. D'ailleurs, ceux-ci apprécient moins une herbe aromatique pour sa senteur que pour l'effet qu'elle leur produit sur la langue et le palais. Or, la flouve odorante étant d'une saveur amère, il est probable que, loin de plaire au bétail, elle lui est plutôt désagréable au goût. Et ce qui le semble prouver, c'est que cette plante, à l'état frais ou sec, n'est mangée des moutons et des bêtes à corne que dans le cas de faim extrême.

George *Sinclair* nous dit à ce propos: « — M. Grant, à Leighton, avait un vaste pacage dont une moitié consistait en flouve odorante et trèfle blanc et l'autre en vulpin des prés et trèfle rouge. Les moutons ne touchaient pas à la flouve et au trèfle blanc, et s'en tenaient toujours au vulpin, quoique la petite taille de la flouve eût permis au trèfle blanc, qui avait été semé avec elle, de prendre un développement énorme. Il y a lieu peut-être de conclure de là que la flouve ne sera pas mangée volontiers du bétail, si elle croit en société de deux ou trois graminées seulement. »

*) Franz *Häfener*: Der Wiesenbau in seinem ganzen Umfange, nebst Anleitung zur Erbauung von Schleusen, Wehren, Brücken, etc. Reutlingen und Leipzig, 1847.

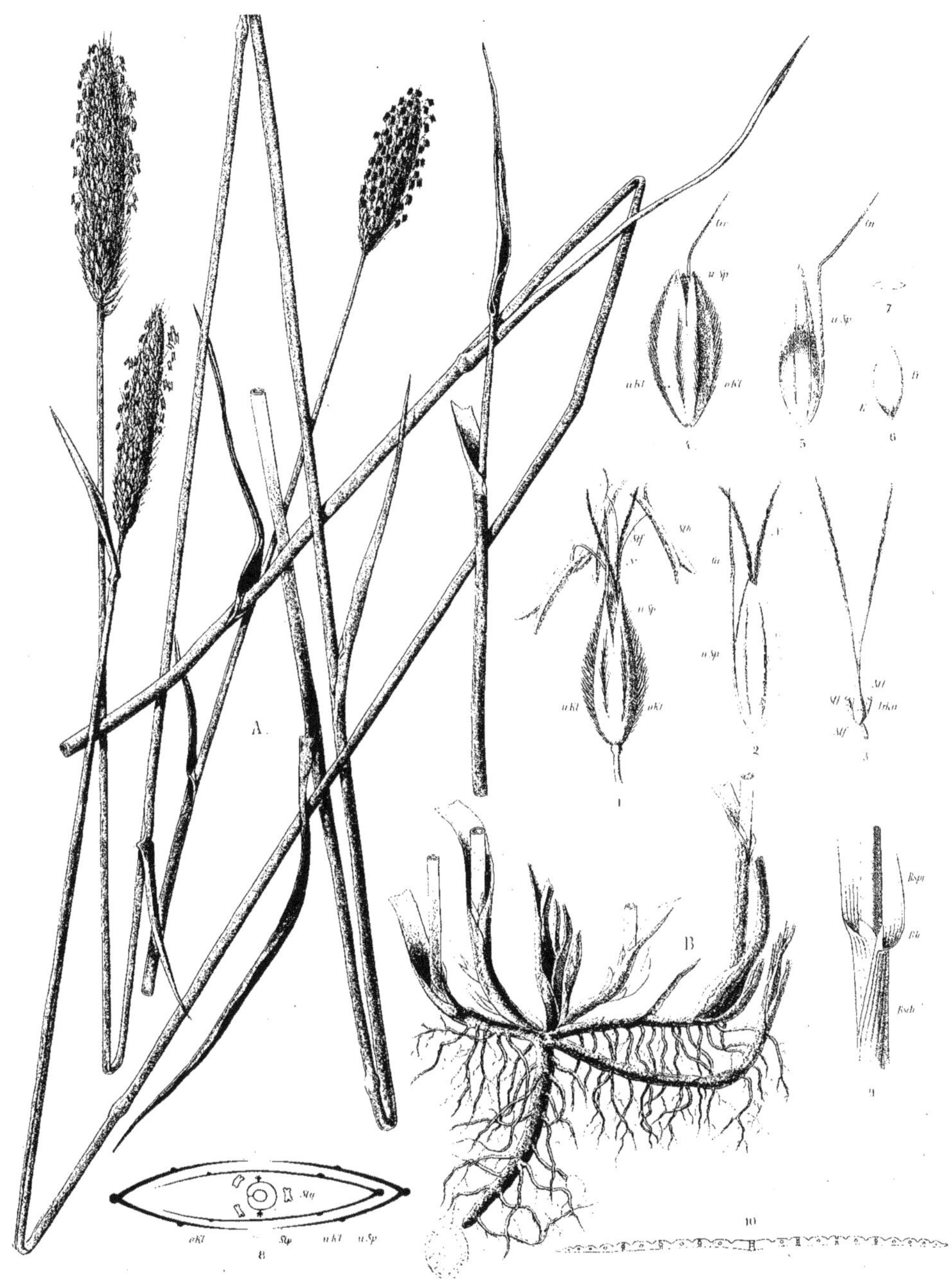

Alopecurus pratensis, L.

C. & L. Schröter ad. nat. del.

Wiesenfuchsschwanz – Vulpin des prés.

Lith. Genossenschaft Zürich.

Au reste, d'autres de nos herbes douces ont, à l'état sec, également une odeur agréable, soit celle qui s'appelle « odeur de foin », et il est erroné de croire que celle-ci soit uniquement due à la flouve odorante. Il n'y a guère de graminée ou de plante herbacée quelconque qui n'ait son odeur propre, mais sans qu'on puisse rien en déduire quant à la valeur qu'elles peuvent avoir d'ailleurs. Il est vrai que, s'il s'agit d'un foin qui ait une odeur de relent ou de moisi, celle-ci peut servir à en faire juger la qualité. Les herbes acides sont aussi caractérisées par une odeur particulière, qui est douceâtre et assez forte. Quant au foin de graminées douces et qui a été récolté dans de bonnes conditions, l'odeur ne peut servir à en faire apprécier la qualité.

Dans la racine de la flouve, l'odeur en question est beaucoup plus prononcée que dans les chaumes et les feuilles, et pour cela elle s'emploie quelquefois à la fabrication du tabac à priser.

Quoique la flouve soit une plante petite et de peu de rapport, ne se prêtant à la production fourragère ni en semis pur, ni dans des mélanges où elle soit même en forte proportion, elle ne laisse pas d'avoir beaucoup de prix pour les cultures établies dans des terrains et sous des climats secs. Comme la plante gazonne en touffes serrées et basses, il s'y dépose beaucoup de rosée, qui, en ne s'évaporant que lentement, donne de la fraîcheur à un sol sec et favorise la végétation de graminées autres et meilleures que la flouve. On croit aussi qu'elle a la propriété méritoire d'étouffer la mousse ou de ne pas la laisser pousser. Les insectes nuisibles, ainsi que les vers de terre, ne lui causent pas grand mal.

Description botanique. Souche vivace, fibreuse, gazonnante. Les pousses latérales sont les unes intra-vaginales, les autres extra-vaginales, celles-ci venant ordinairement des parties les plus anciennes du rhizôme. Il se produit rarement dans la souche des rameaux un peu allongés, de sorte que la touffe de gazon qui s'en élève reste unie et basse. Les gaînes inférieures sont incolores à la base et résistent longtemps à la destruction. Tiges de 30 à 40 centim., dressées, lisses, peu feuillées et nues sur un long espace au-dessous de l'inflorescence (fig. A.). Feuilles à préfoliaison convolutée, (fig. B.) planes, légèrement striées en-dessus (fig. 12), plus ou moins ciliées inférieurement, à gaîne lisse; ligule oblongue, tronquée et denticulée au sommet (fig. 11, *Bh.*). Inflorescence en panicule spiciforme, oblongue, cylindrique ou ovale, à épillets portés sur des pédicelles courts, d'un vert jaunâtre, d'abord très-rapprochés et se séparant ensuite largement (fig. A.). L'épillet est uniflore, mais pourvu de quatre glumes, dont les deux supérieures sont pour beaucoup de botanistes des « fleurs stériles » (fig. 1). Les deux glumes inférieures (*u. Kl.* 1 et *u. Kl.* 2) sont carénées, aiguës et glabrescentes : la 1re (*u. Kl* 1) est à peine de moitié aussi longue que la 2e (*u. Kl.* 2), et celle-ci enveloppe toute la fleur. Les deux glumes supérieures, ou 3e et 4e, (fig. 2 *o. Kl.* 3 et *o. Kl.* 4) sont presque égales, un peu plus longues que la fleur, arrondies au sommet, couvertes de poils raides, longs, noirâtres et brillantes : la 3e portant vers le milieu du dos une arête droite et plus courte que la 2e glume; la 4e portant vers sa base une arête tordue-genouillée, plus longue que la 2e glume. Glumelles 2, membraneuses, glabres, luisantes, mutiques, un peu plus courtes que les glumes supérieures; l'inférieure (fig. 3, *u. Sp.*), sub-orbiculaire, enveloppant presque entièrement la glumelle supérieure, les étamines et les stigmates; la supérieure ovale, uninerviée (fig. 4, *o. Sp.*). Squamules nulles. Étamines 2, opposées aux glumelles (fig. 4, 5, 12); c'est la seule de nos Graminées indigènes qui n'en ait que 2. Ovaire glabre. Styles 2, terminaux, assez longs; stigmates très-longs, filiformes-plumeux, à poils courts et disposés sur deux rangs (fig. 2 à 5). Pendant l'anthèse, l'épillet s'ouvre au sommet juste assez pour laisser sortir d'abord les stigmates et ensuite les étamines (fig. 1); les anthères s'ouvrent pendant qu'elles sont encore dressées au-dessus des stigmates et leur pollen tombe donc sur ceux de la même fleur — ce qui distingue cette espèce de presque toutes les autres Graminées, pour les fleurs desquelles il y a fécondation croisée; plus tard les anthères prennent la position pendante, et ce qu'il leur reste de pollen peut aller féconder les fleurs situées plus bas dans l'inflorescence.

Description botanique.

Le caryopse est étroitement renfermé dans les glumelles et celles-ci sont enveloppées des deux glumes supérieures (fig. 6). Le faux-fruit consiste donc dans tout l'épillet moins les deux glumes inférieures, et c'est ainsi qu'il se présente dans le commerce (fig. 7, 8); avec l'arête il est long de 6 à 7 mm. et de 3 à 4 mm. sans elle. Caryopse oblong, un peu comprimé latéralement, glabre, lisse (fig. 9, 10).

Variétés. **Variétés.** Alefeld*) distingue deux variétés: 1° la flouve commune (*Anthoxanthum odoratum* var. *vulgare*, Alef.) et 2° la flouve poilue (*A. o.* var. *pilosum*, Döll). Chez celle-là les glumes inférieures sont glabres, et chez celle-ci elles sont très-poilues, la première sur la carène et inférieurement aux bords et la seconde sur toute sa surface. Les deux formes ont la même valeur agricole, mais la seconde est beaucoup plus rare que l'autre. Notre planche représente la flouve commune.

Distribution géographique. **Habitat, climat, sol, engrais.** La flouve odorante est indigène en *Europe:* de l'Italie et de la Grèce (ici seulement dans les montagnes) jusqu'à l'Irlande et au Cap Nord, et du Portugal et de l'Espagne (ici rare et seulement dans les montagnes) jusqu'à l'Oural; en *Afrique:* dans toute la région méditerranéenne, l'Egypte exceptée, et dans les Canaries; en *Asie:* dans le Caucase et dans toute la Sibérie. Introduit dans l'Amérique du Nord.

Stations et limites d'altitude. Elle est très-commune chez nous dans les lieux herbeux, dans les prairies sèches ou humides, les pâturages, les bruyères, les bois de la plaine et des montagnes. Dans l'Oberland bernois elle se rencontre jusqu'à la hauteur de 1910 m.**), et dans les Grisons, selon Brügger, jusqu'à 2400 m.; dans le Caucase on la trouve entre 1800 et 2800 m. et dans les îles Loffoden elle descend à 620 m.

Climat et sol. Cette plante, qui s'accommode des climats et des temps les plus divers, supporte également bien la froidure, l'humidité et la sécheresse. George *Roth* la compte au nombre de celles qui se plaisent à l'ombre, parce que dans les prairies elle se trouve ombragée par les autres graminées et qu'elle abonde surtout dans les bois taillis. Elle se rencontre sur presque tous les prés, que le sol en soit sec et léger ou humide et lourd, et même sur les terrains tourbeux. Elle réussit le mieux sur les sables et les limons qui ont quelque fraîcheur. Cependant on fera bien de ne la semer dans ces terres que si elles sont trop sèches pour la culture de graminées meilleures que la flouve.

Epuisement du sol. D'après les recherches d'*Arendt* et de *Way* et *Ogoston*, 1000 % de foin tirent du sol:

Azote	$17._5$	Magnésie	$1._2$
Acide phosphorique	$4._8$	Chaux	$3._8$
Potasse	$21._7$	Silice	$22._5$
Soude	$1._5$	Acide sulfurique	$0._2$

Selon des analyses faites dans notre laboratoire, la proportion d'azote pendant la floraison de la plante, est de 1,083 pour 100.

Engrais. Cette graminée ne témoigne pas de préférence pour tel ou tel engrais; mais une fumure intensive a pour effet de la faire disparaître des prés et laisser la place à d'autres, qui sont d'un produit plus avantageux.

Végétation et développement. **Végétation, rendement et valeur fourragère.** La flouve forme des touffes serrées et desquelles il sort beaucoup de tiges, de sorte que la faux éprouve quelque peine à la couper. Après la semaille, elle se développe plus vite que d'autres plantes fourragères et est déjà la première année d'un bon rapport. Elle est la plus précoce de toutes les Graminées. Sur les prés exposés au soleil, elle pousse ses tiges en mars, fleurit en avril et mûrit ses graines en mai; ce qui fait qu'au temps de la fenaison celles-ci sont déjà disséminées en partie et amènent une forte multiplication de la plante. Les chaumes et les épis sont alors presque aussi durs que de la paille et n'ont plus que

*) Dr *Friedr. Alefeld.* Landwirthschaftliche Flora. Berlin, 1866.
**) *J. E. Rothenbach.* Dreissig Tage auf der Wengernalp. Bern, 1874.

peu de force nutritive, et cet inconvénient est d'autant plus prononcé que le développement de l'herbe a été plus précoce et la coupe plus tardive. En raison de sa précocité, cette graminée réussit même sur les terrains les plus secs, grâce à l'humidité des hivers. Mais elle est avantageuse aussi en ce qu'elle continue de végéter jusqu'en automne; après chaque coupe elle repousse vite, bien qu'en restant de plus en plus basse. D'après *Nicklès**), 100 livres d'herbe coupée à la fleur donnent 28 livres de foin. *Sinclair* a obtenu d'un limon sableux et riche en humus les produits suivants: Rendement.

	Par hectare. Vert.	Sec.	Par arpent. Vert.	Sec.
Au 1er avril	79	—	28	—
A la fleur	177	48	64	17
A la maturité de la graine	139	41	50	15
Regain	144	—	56	—

Cette graminée est donc d'un rapport assez médiocre, et médiocre en est aussi la valeur nutritive, comme il appert des données que nous allons présenter. L'analyse d'une récolte faite à la fleur, le 16 mai, a donné, en comptant la proportion d'eau à 14 %, les résultats suivants: Valeur fourragère.

Cendres	$5._1$
Albumine (azote $\times$ $6._{25}$)	$6._8$
Fibre végétale	$29._4$
Substances extractives non azotées	$13._0$
Graisse	$1._8$

(Azote non combiné dans l'albumine = $0,_{136}$ % de la matière sèche.)

Suivant d'autres recherches le foin contenait:

	D'après Way.	D'après Peters.	D'après Collier.
Albumine	$8._{94}$ %	$8._{56}$ %	$7._{31}$ %
Fibre ligneuse	$13._{17}$	$22._{10}$	$22._1$
Substances extractives non azotées	$37._{27}$	$46._{12}$	$46._{12}$
Graisse	$2._{92}$	$2._{92}$	$2._{92}$

Récolte, impuretés et falsifications de la semence. Elle n'est retirée nulle part de plantes cultivées à cet effet, mais les petites quantités de vraie semence de flouve qui se rencontrent dans le commerce viennent généralement de l'Allemagne centrale, où elle a été récoltée sur les pieds sauvages qui se trouvent dans les bois et les clairières. On ne l'obtient ainsi qu'au prix d'un travail long et fatigant, et il s'en suit que la semence authentique coûte très cher. Une telle provenance fait que le plus souvent elle n'est pas pure et contient des graines de plantes croissant dans les mêmes lieux, notamment de certaines espèces de luzule (*Luzula albida, DC.* et *L. campestris, DC.*), de la petite oseille (*Rumex Acetosella, L.*), de la fétuque des brebis (*Festuca ovina, L.* var. *tenuifolia*), etc. Dans la partie N. du pays de Lünebourg (Prusse), il se trouve fréquemment parmi le seigle, comme une mauvaise herbe annuelle, une espèce de flouve, qui est botaniquement voisine de la nôtre et qui s'appelle la flouve de Puel ou *Anthoxanthum Puelii, Lec.* et *Lam.* Celle-ci forme sur le sol des gazons épais et feutrés, que la faux ne peut presque pas entamer et qui, par là, rendent très difficile la récolte de la céréale. Pendant qu'elle se fait et déjà auparavant, il tombe une partie de la semence de cette graminée, qui en assure la re- Récolte.

*) *Napoléon Nicklès.* Des prairies naturelles en Alsace. Strasbourg et Paris, 1839.

production, et le restant, avec les plantes qui la portent, passe dans les gerbes de seigle, et après le battage, les graines de la flouve sont retrouvées dans les criblures. Un district du pays en question, d'une superficie de 11 milles carrés, livre annuellement 40,000 livres de ce produit, qui se transporte à Hambourg, pour être répandu dans le commerce sous le nom de semence de flouve odorante. Par suite de cette origine, la semence de la flouve de Puel contient très souvent des grains pointus de seigle qui

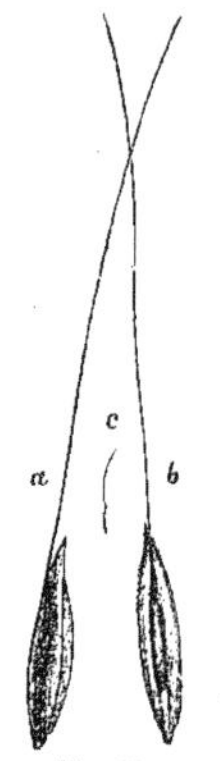

Fig. 29.
Apère jouet du vent.
Apera Spica-venti, P. B.
Faux-fruit avec l'arête.
a. face dorsale;
b. face ventrale, gross. 7 fois;
c. grand. natur.
(D'après Nobbe.)

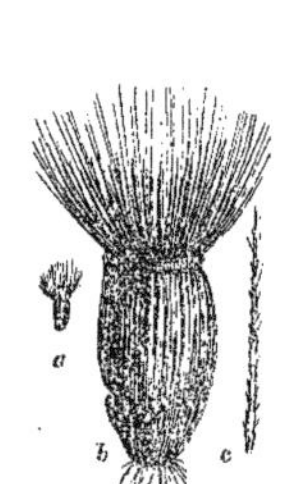

Fig. 30.
Bluet.
Centaurea Cyanus, L.
a. et *b.* Fruit avec le pappus.
a. en grand. natur.
b. grossi 7 fois;
c. poil du pappus, grossi fortement. (D'après Nobbe.)

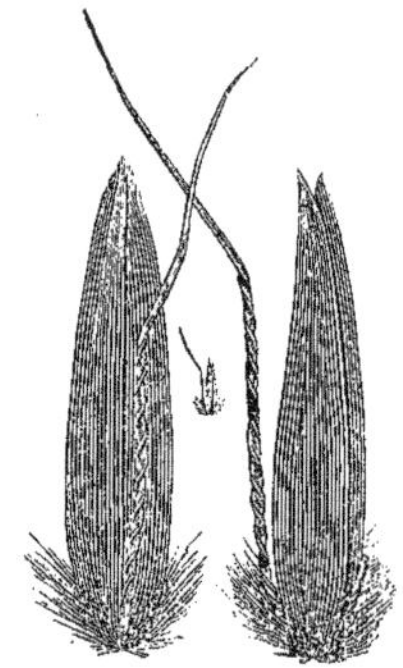

Fig. 31.
Canche flexueuse.
Aira flexuosa, L.
Faux-fruit.
a. grand. natur.
b. vu du dos, grossi 8 fois;
c. vu du côté, grossi 8 fois.
(D'après Nobbe.)

s'y sont mêlés pendant le criblage, ainsi que des graines de l'apère jouet-du-vent *(Apera Spica-venti, P. Beauv.)* (fig. 29), du bluet *(Centaurea Cyanus, L.)* (fig. 30), de la gnavelle annuelle *(Scleranthus annuus, L.)*, etc. En n'ayant sous les yeux qu'un seul des fruits de la flouve de Puel, il n'est pas facile d'y reconnaître des caractères propres à la faire distinguer sûrement, mais vus en masse, ils ont à la fois les glumes et le caryopse d'une couleur plus claire, et sont en général un peu plus courts que ceux de la flouve odorante. Celle-là ne vaut rien pour des prés devant durer plusieurs années; nous estimons même qu'elle y est nuisible, parce que, dans la première année, elle ne laisse guère aux autres graminées de la place pour se développer, et son gazonnement si dense finit par les étouffer. Si on ne lui permet pas de se ressemer elle-même, comme il arrive dans les cas où elle est cultivée comme fourrage, elle disparaît déjà dans la deuxième année. Pour une culture annuelle, on pourrait la faire entrer, en faible proportion, dans les mélanges de plantes à pâturer. Mais elle ne peut servir comme fourrage à faucher. La semence de la flouve odorante est aussi falsifiée quelquefois avec la graine de la canche flexueuse *(Aira flexuosa, L.)*, qui est facile à y reconnaître (fig. 31).

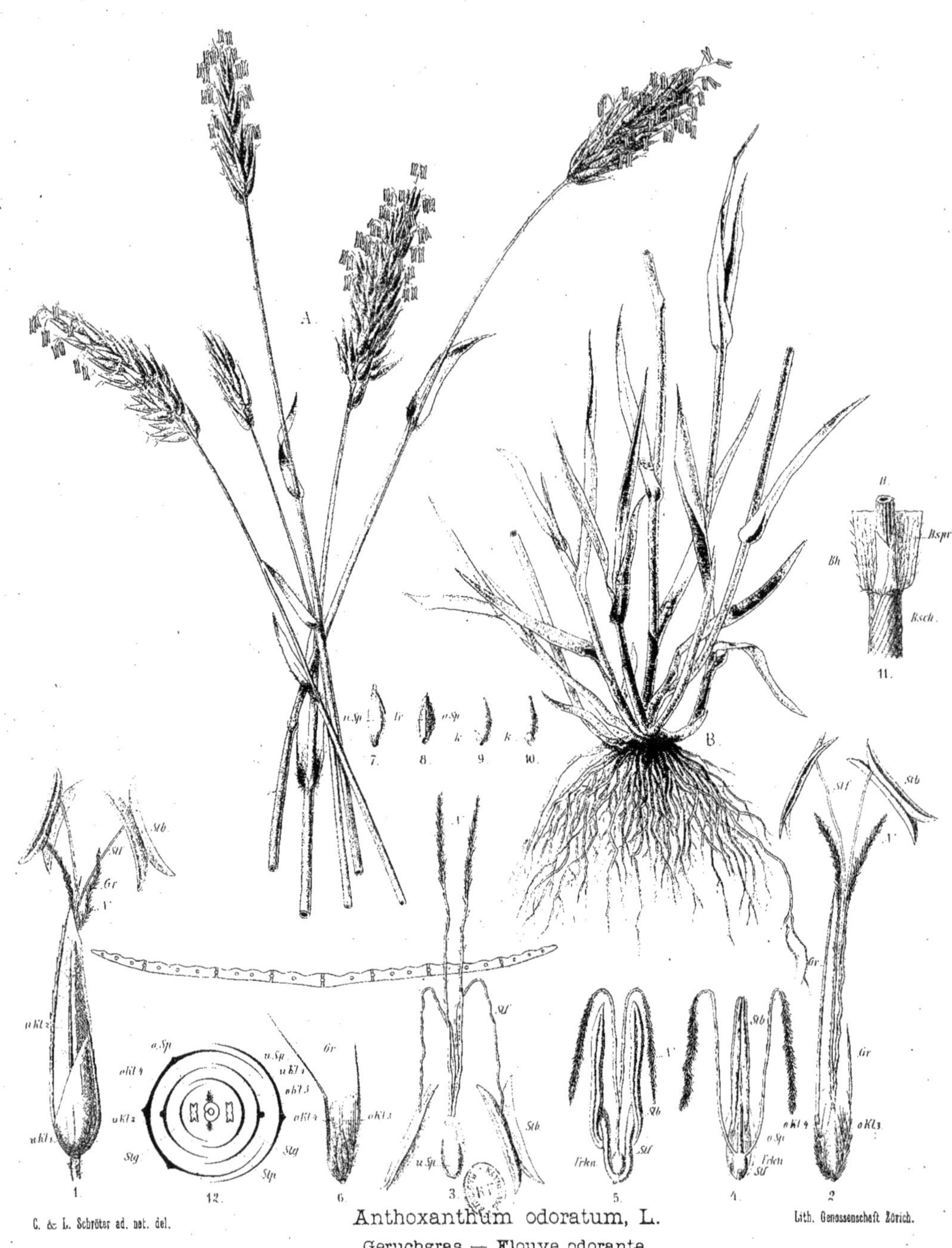

C. & L. Schröter ad. nat. del.

Lith. Genossenschaft Zürich.

Anthoxanthum odoratum, L.

Geruchgras — Flouve odorante.

Semence et semis. Une bonne marchandise moyenne doit avoir 85% de pureté et 30% de faculté germinative, et, par conséquent, 26% de grains purs et capables de germer. Un kilo de semence pure compte, en moyenne, 2,033,000 de grains, et une marchandise à 26% contient donc 520,000 grains purs et capables de germer. La faculté germinative ne diminue que lentement pendant la conservation de cette semence. On met à l'hectare 34 kilos d'une marchandise à 26%, soit 884 centièmes de kilo, et à l'arpent 12 kilos ou 312 centièmes à kilo. Comme fourrage, la flouve odorante ne se sème jamais pure, mais toujours en mélange avec d'autres graminées, et cela seulement en qualité d'herbe aromatique pour les prés temporaires ou permanents. Qualité. Quantité.

Explication de la planche 10.

(Fig. A et B en grand. natur., fig. 1 à 10 grossies 7 fois, fig. 11 grossie 2 fois, fig. 13 grossie environ 10 fois.)

Fig. A. Chaumes fleurissants.
» B. Partie souterraine et inférieure de la plante.
» 1. Epillet fleurissant.
» 2. Le même, après ablation des deux glumes inférieures (*u. Kl.* 1 et *u. Kl.* 2); la fleur est renfermée dans les deux glumes supérieures ou fleurs stériles (*o. Kl.* 3 et *o. Kl.* 4).
» 3. Epillet, après ablation des fleurs stériles; la fleur fertile est enveloppée dans sa glumelle inférieure (*u. Sp.*).
» 4. Fleur, après ablation de la glumelle inférieure et de l'étamine antérieure.
» 5. Fleur isolée, composée de 2 étamines et du pistil; squamules nulles.

Fig. 6. Epillet fructifère: le fruit est enveloppé de ses glumelles et des deux glumes supérieures, qui sont poilues et aristées.
» 7. Le même, après ablation de ces glumes; le fruit reste enveloppé de la glumelle inférieure (faux-fruit).
» 8. Le même, après ablation de la glumelle inférieure; le fruit est à demi entouré de la glumelle supérieure.
» 9. Caryopse isolé, vu latéralement.
» 10. Le même, vu du dos, ayant à la base l'embryon.
» 11. Ligule.
» 12. Diagramme de l'épillet.
» 13. Coupe transversale du limbe de la feuille. (d'après Lund.)

XI. L'Agrostide traçante ou Fiorin.

Agrostis stolonifera, L. ou *Agrostis alba*, Schrad.

Famille des Graminées.

Le nom français de cette plante est la traduction de son nom botanique latin. Elle est aussi connue sous celui de Fiorin, qui est d'origine anglaise, et vulgairement on l'appelle encore Foin rampant, Eternue drageonnée, Tremme, Traîne ou Traînasse. Dénomination.

Selon *Schwerz*, les Anglais, il y a plus de 250 ans, l'appréciaient déjà comme une bonne herbe fourragère, et *Werner* rapporte qu'on se prit à la cultiver en 1761, mais que bientôt après l'on y renonça. Ce n'est qu'une cinquantaine d'années plus tard qu'elle revint de l'oubli, sous le nom de fiorin, et fut prônée vivement par les amateurs des choses nouvelles. Au commencement de ce siècle, un Irlandais, le Dr William *Richardson*, en signala les mérites et, sur sa recommandation, la culture s'en répandit fort dans la Grande-Bretagne. En 1814, *M. de Conicht*, à Frederickssund, dans l'île de Histoire.

Seeland, s'appliqua à en déterminer la valeur agricole et fourragère, et publia sur ce sujet un rapport très favorable. Vers 1840, on commença de cultiver le fiorin sur le continent, pour suivre l'exemple des Anglais, et il fut vanté comme jamais graminée fourragère ne l'avait été avant lui.

Valeur agricole.

Quoique cette plante ait été loin de rendre ce qu'on en attendait, elle ne laisse pas d'avoir son prix en certaines circonstances. Elle est excellente pour les terres légères, humides ou même mouillées, comme herbe basse ou de pâture, vivace et fournissant un bon fourrage de la fin de l'été jusqu'en automne. Elle n'est guère employée autrement, et surtout ne se prête point à entrer dans un assolement régulier, parce que ses stolons ou longues tiges traçantes sont difficiles à extirper au labourage, et repoussent dans le champ à l'état de mauvaises herbes.

Description botanique.

Description botanique. Souche cespiteuse, à stolons souterrains ou rampants sur le sol et radicants aux nœuds, et desquelles sortent de nouvelles tiges (fig. A). Ces pousses latérales sont extravaginales, comme chez toutes les graminées stolonifères. Tiges de 2—8 décimètres, lisses, dressées ou ascendantes, rarement couchées à la base et radicantes aux nœuds inférieurs. Feuilles à préfoliaison convolutée, planes, linéaires, acuminées, largement striées en-dessus, rudes de bas en haut, à gaîne lisse (fig. 11). Ligule assez *longue*, saillante (fig. 10). (Dans l'espèce voisine dite agrostide commune, *Agrostis vulgaris*, With., la ligule est *courte* et tronquée). Inflorescence (fig. B) en panicule rameuse, *contractée* avant et *après* l'anthèse (chez l'agrostide commune elle reste *étalée* à l'état fructifère), assez lâche, allongée, ovale, à rameaux et pédicelles rudes, largement étalée pendant la floraison (fig. C). Epillets *uniflores*, d'un vert pâle, rougeâtres ou violacés. Glumes 2 (fig. 1, 4, 9, *u. Kl.* et *o. Kl.*), plus longues que la fleur, membraneuses, uninerviées, mutiques, carénées et brièvement ciliées sur la carène. Glumelle inférieure (fig. 1, 2, 5, 9, *u. Sp.*) trinerviée, bifide au sommet, mutique ou rarement munie d'une arête courte; glumelle supérieure (fig. 2, 5, 9, *o. Sp.*), bicarénée, de moitié plus courte que l'inférieure. Squamules 2 (fig. 3, 9, *Sch.*), ovales, pointues. Ovaire glabre. Stigmates plumeux, presque sessiles (fig. 3). Les phénomènes de l'anthèse sont les mêmes que chez le ray-grass anglais. Le fruit mûr est enveloppé des glumes et des glumelles, et cet épillet fructifère est long de 2 à 3 mm. (fig. 4). Quant au caryopse, il est libre entre les glumelles, oblong, atténué à la base, convexe en dehors et creusé d'un sillon en dedans (fig. 7, 8).

Variétés.

Variétés. La forme la plus commune est celle à épillets *blanchâtres*, dite *Agrostis stolonifera*, var. *alba*, Alefeld. Elle s'appelle aussi *A. capillaris*, Pollich, et sous ce nom le fiorin figure souvent dans les catalogues de graines à côté de l'*Agrostis stolonifera*, quoi qu'il ne s'agisse que d'une seule et même espèce. Une variété recommandable est le fiorin géant (*A. st.* var. *gigantea*, Koch), à panicule très développée et très rameuse. Les autres variétés des botanistes n'ont guère d'importance agricole.

Distribution géographique.

Habitat, climat, sol, engrais. L'agrostide traçante se trouve à l'état spontané, en *Europe* : au Nord, dans l'Islande et les îles Britanniques, dans la Scandinavie jusqu'à l'Altenfiord, dans toute l'Europe centrale et orientale et méridionale, dans la France, le Portugal et l'Espagne; en *Afrique:* dans l'Algérie, l'Abyssinie et les îles Canaries et au Cap Vert; en *Asie:* dans le Caucase et la Géorgie. Elle est indigène aussi dans l'*Amérique du Nord.*

Stations.

Elle se rencontre surtout dans les lieux herbeux, plus ou moins trempés d'eau, et est très répandue chez nous le long des fossés et des rivières, dans les pâturages de montagne qui ont souvent et longtemps du brouillard ou de la rosée.

Limites d'altitude.

Cette graminée s'élève très haut dans les Alpes, par exemple, sur le Col de Stelvio jusqu'à 2200 mètres (Brügger), sous une forme dite *courctata* (*A. patula*, Gaud.) à panicule courte, contractée et plus colorée.

Climat.

Le fiorin se plaît le mieux dans les régions à climat marin ou lacustre et dans les montagnes où l'atmosphère est humide et les météores aqueux sont fréquents et abondants. Aussi est-il d'un rapport beaucoup moins considérable dans les lieux où l'air est plus sec, et dans la France et l'Allemagne l'on n'a jamais obtenu des récoltes aussi fortes que dans les îles Britanniques. Dans un sol et un air sec, les chaumes de cette graminée restent durs et raides et ne sont pas bien feuillés. Elle est insensible aux rigueurs de l'hiver. M. de Conicht en avait laissé une partie sur pied pendant la saison froide, pour ne la faucher qu'au printemps, et elle se trouva être non moins substantielle que ce qui, l'automne précédent, avait été coupé du même champ. En Angleterre, on la fait souvent pâturer jusqu'au milieu de décembre.

La culture du fiorin rend le plus dans les terres légères, humides ou mouillées, et il prospère aussi dans les sols tourbeux qui n'ont pas été desséchés, ainsi que dans les argiles humides; mais il ne réussit point dans les terrains secs, surtout s'ils consistent en une argile compacte, dans laquelle la souche de cette graminée, ne pouvant y faire pénétrer ses fines radicelles, ne donne que des stolons courts et ligneux. On doit donc ne la semer que dans une terre humide, mais pas trop forte, à moins qu'en ce cas elle ne puisse être irriguée. Sol.

Nous ne sachions pas qu'il ait été fait des recherches sur la nature et la quantité des substances minérales enlevées du sol par cette plante. Comme les radicelles de sa souche sont menues et s'étendent plus au large qu'elles ne descendent, elle exige, pour se développer au mieux, une couche arable molle et fertile. Les irrigations lui sont très profitables. Engrais.

Végétation, rendement, valeur fourragère. Le fiorin pousse des tiges traçantes longues de 2—4 mètres et qui, sur un sol favorable, vont même jusqu'à 6 mètres. Cependant, comme *Schwerz* l'a très bien remarqué, il ne faudrait pas s'attendre à en avoir aussi du foin à brins d'une longueur de 10, 15 et 20 pieds; car ces jets latéraux rampent sur la terre, en s'enracinant aux nœuds, et il s'en élève çà et là des pousses courtes, mais qui deviennent très feuillues, si la plante est en bonne situation. Lorsque le sol et le temps sont secs, les nœuds sont peu radicants, tandis que dans l'humidité et en des endroits où les stolons restent appliqués au sol sous le piétinement du bétail, ceux-ci émettent aux nœuds des pousses plus nombreuses, fort pourvues de racines et qui s'allongent davantage. Il résulte d'une végétation si expansive, que cette graminée, même en n'étant d'abord que d'un tallage très-mince, se multiplie peu à peu et finit par former un gazon compact, dont le tissu est difficile à détruire au labourage. Végétation.

Après la semaille, le fiorin se développe promptement, et c'est déjà dans la première année qu'il fournit presque son plus riche produit. Toutefois, il ne commence à végéter qu'assez tard au printemps; mais, en revanche, il continue de le faire jusque dans l'arrière-saison. Il fleurit au plus tôt à la fin de juin, et à partir de là il ne cesse de pousser jusqu'en automne des tiges à fleurs. Au temps de la fenaison des autres graminées, celle-ci est encore petite, et, par conséquent, si elle a été semée en leur société, ce n'est qu'à la deuxième coupe qu'elle donne son plus grand produit. Mais c'est comme plante à pâturer qu'elle est le plus avantageuse, et en ce cas, on en tire bon parti jusqu'à la fin de l'automne. Elle est moins propre à servir comme plante fauchable; cependant on affirme en avoir obtenu en Irlande jusqu'à 320 quintaux de foin, rendement qui, selon *Pinkert*, n'est en Allemagne que de 100 à 200 quintaux. *Vianne* a eu, d'une terre fraîche et fertile, 143 quintaux. *Sinclair* a récolté, sur un bon terrain tourbeux, en quintaux: Développement. Rendement.

	par hectare. vert	sec	par arpent vert	sec
A la fleur . . .	396	173	143	62
Regain . . .	61	—	22	--

Valeur fourragère. Le fiorin, s'il a été produit sur le sol qui lui convient le mieux, constitue un fourrage succulent et que le bétail prend avec plaisir; mais il ne lui plaît pas s'il provient d'un terrain maigre et sec, car en ce cas il est dur et sans saveur. Quant à sa composition chimique, il n'en a pas encore été publié des analyses. Selon *Sprengel*, il acquiert sa plus grande valeur nutritive vers la fin de l'automne et donne alors un fourrage précieux.

Récolte. **Récolte, impuretés et falsifications de la semence.** Il est probable que cette graminée n'est jamais cultivée en vue d'en avoir la graine. En Allemagne on recueille à cette intention les plantes sauvages dans les coupes de forêts, où souvent elles abondent énormément. La maturité de ce produit n'a lieu qu'en août et septembre, et elle est à point quand les grains sont devenus durs et se laissent extraire par un frottement à la main; d'ailleurs elles ne tombent pas facilement.

Impuretés et Falsifications. Dans la semence du commerce, il se trouve souvent en quantité des glumes de la fleur du fiorin, mais un vannage l'en débarrasse aisément. Elle contient aussi comme impuretés et peut-être quelquefois comme adultérations, des graines de l'agrostide canine (*Agrostis canina*, L.) et de la canche gazonnante (*Aira cæspitosa*, L.). Il n'est pas rare non plus qu'on y ait mêlé volontairement de celles de l'apère épi-du-vent (*Apera Spica-venti*, P. B.). L'agrostide canine se distingue du fiorin par des glumelles d'une couleur plus foncée et d'une consistance plus ferme, et surtout en ce que l'inférieure porte vers le milieu du dos une arête d'une à deux fois plus longue que l'épillet. Le faux-fruit de la canche (fig. 32), est passablement plus grand que celui du fiorin, couvert de poils soyeux à la base et sur le pédicelle, et porte au-dessus de la base de la glumelle inférieure une arête fine, droite, aussi longue qu'elle. Quant à l'épi-du-vent, (fig. 29, p. 74), sa glumelle inférieure est brièvement ciliée et porte vers le sommet une arête de trois à cinq fois plus longue qu'elle. Notons enfin que souvent il se trouve dans cette semence de la graine de timothy et même des grains de sable en grande quantité.

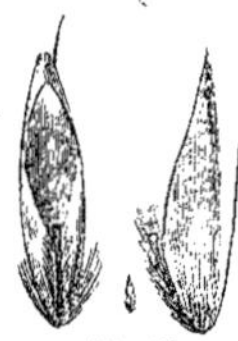

Fig. 32.
Canche gazonnante.
Aira cæspitosa. L.
Faux-fruit.
a. en grand. natur.
b. face ventrale.
c. face dorsale.

Qualité. **Semence et semis.** Dans la semence du commerce il est rare d'avoir les caryopses à l'état nu, et d'ordinaire ils sont enveloppés des glumelles et même quelquefois des glumes. En moyenne, la pureté y est de 71,3% et la faculté germinative de 85 %. Chez une bonne marchandise, l'une et l'autre de ces qualités doit être de 85 % et, par conséquent, contenir 72,3% de grains purs et capables de germer. Un kilo de semence pure contenant 1,327,000 grains, dans une marchandise à 72 % il y en a 955,000 de bonne condition. Le poids de l'hectolitre varie suivant la proportion des glumes dont le vannage n'a pas débarrassé la semence. Si elles s'y trouvent encore la plupart, le poids est très petit, à peine de 10 kilos, tandis qu'il peut monter jusqu'à 40 kilos dans une marchandise bien nettoyée. La faculté germinative ne diminue que peu à peu pendant la conservation de la semence, et l'on peut dire qu'en général elle germe bien, mais que souvent elle laisse beaucoup à désirer sous le rapport de la pureté.

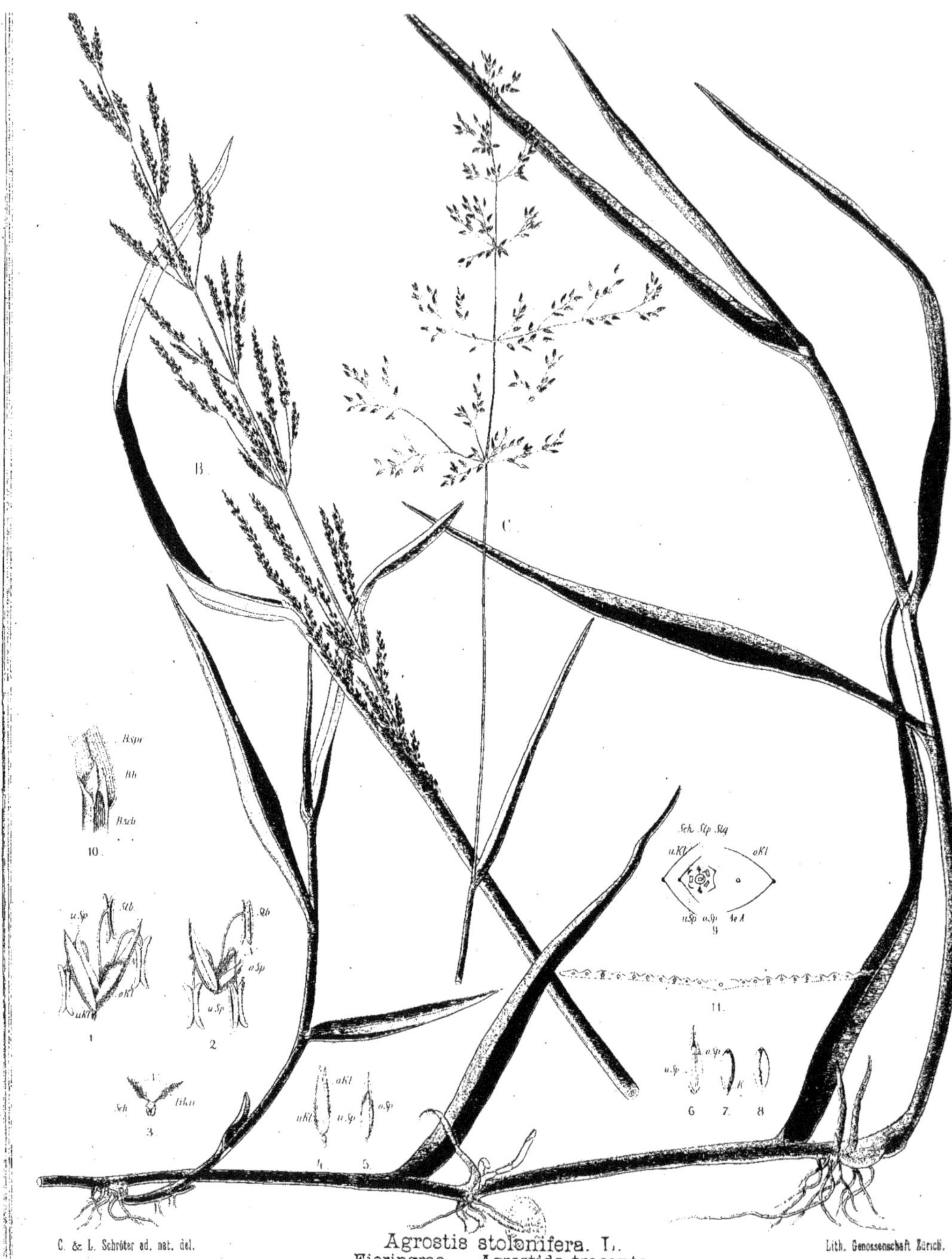

C. & L. Schröter ad. nat. del.

Agrostis stolonifera L.
Fioringras — Agrostide traçante.

Lith. Genossenschaft Zürich.

Pour ensemencer un hectare on met 11 kil. d'une marchandise à 72 %, soit 792 centièmes de kilo, et par arpent 4 kil. ou 288 centièmes de kilo. La semence coûtant en moyenne fr. 1. 10 le kilo, elle revient à fr. 12. 10 pour l'hectare et à fr. 4. 40 pour l'arpent. Le fiorin n'est semé pur que pour les tapis de gazon et, plus rarement, pour les pâtures. En mélange, il ne s'emploie ordinairement que pour les prairies permanentes, et quelquefois pour les temporaires qui sont à sol humide. Il ne convient pas pour les mélanges de trèfle et de graminée. La proportion qui s'en prend dans un mélange est de 10 %, et elle n'est dépassée que dans des cas exceptionnels. Quantité. Mélanges.

Cette graminée peut très-bien être multipliée au moyen des stolons. Déjà *Richardson* a conseillé à cet effet d'en recueillir les bouts ramassés par la herse dans un pré de fiorin qui a été rompu et de les replanter dans un autre champ, en les disposant en lignes écartées de quatre à six pouces, ou de les étendre régulièrement sur toute sa surface et de les recouvrir légèrement de terre. *Sprengel* recommande de découper les stolons en pièces de trois à quatre pouces, de les éparpiller sur le sol et de les recouvrir de même ou de les faire enfouir un peu par les pieds des moutons. Dans un sol et par un temps humides, les nœuds s'enracinent très-vite et il en sort des pousses par lesquelles la terre se garnit de gazon beaucoup plus tôt que si l'on y avait mis de la semence. Multiplication par les stolons.

Il a été proposé de cultiver aussi chez nous l'agrostide d'Amérique (*Agrostis dispar*. Mich.), qui devient plus grand que notre fiorin, dure plus longtemps et réussit même sur des terrains secs et légers.

Explication de la planche II.

(Figures A, B, C, en grandeur naturelle; fig. 1—8 grossies 6 fois, fig. 10 grossie 2 fois, fig. 11 grossie environ 10 fois.)

Figure A. Partie inférieure de la plante (stolons).
» B. Panicule avant la floraison (contractée).
» C. » pendant » » (étalée).
» 1. Epillet entier fleurissant.
» 2. Le même après ablation des glumes.
» 3. Squamules et pistil.
» 4. Epillet fructifère.
» 5. Epillet sans les glumes (faux-fruit ou caryopse enveloppé des glumelles) vu latéralement.
Figure 6. Le même vu du côté de la glumelle supérieure.
» 7. Caryopse vu sur la face dorsale.
» 8. » » » » » sillonnée.
» 9. Diagramme de l'épillet.
» 10. Ligule.
» 11. Coupe transversale du limbe de la feuille (d'après Lund).

XII. Le Trèfle rouge.

Trifolium pratense, L.

Famille des Légumineuses.

Cette plante, qui est d'une si haute utilité pour la culture fourragère, porte chez les botanistes ou en latin un nom signifiant Trèfle des prés. En français elle s'appelle d'ordinaire soit « Trèfle » simplement soit Trèfle rouge ou commun; mais elle est connue encore sous beaucoup d'autres noms, dérivés soit des pays où elle a été cultivée le plus anciennement soit de certains caractères propres à cette espèce, lesquels sont : Trèfle d'Italie ou du Piémont, de Hollande, de Flandre, de Normandie, grand ou gros Trèfle, Trèfle pourpre, Triolet, Trianelle, Herbe à vache, Clave, Tremène, Suçotte, etc. Dénomination.

Histoire.

La mise en culture du trèfle rouge a contribué plus encore que celle de la pomme de terre aux progrès de l'économie rurale; mais elle a eu en outre une influence considérable et d'un intérêt général sur la civilisation des nations européennes. En augmentant beaucoup la production de la viande nécessaire à l'alimentation humaine, ce trèfle a été indirectement pour nous une source d'énergie et de capacités par lesquelles les sciences, l'industrie et le commerce ont reçu un magnifique développement. Cette plante, il est vrai, a été de tout temps indigène dans nos pays, mais la culture en est relativement récente. Les anciens ne la cultivaient pas, quoiqu'elle fût connue certainement de tous les peuples de l'Europe ainsi que de ceux des régions tempérées de l'Asie occidentale. Cependant on a lieu de croire que c'est dans celle-ci, soit dans la Médie, que la culture en a commencé, mais nous n'avons à cet égard aucune date certaine. Dans le courant des 15e et 16e siècles elle se répandit en Italie. Dans ce dernier pays, il en est fait mention par *Gallo*, en 1550, et en 1566, le trèfle était recommandé par *Tarelli* au Sénat de Venise. D'Espagne il passa, au 16e siècle probablement, dans le Brabant et la Flandre, et d'ici des émigrants wallons le portèrent au Palatinat, d'où la culture s'en propagea dans d'autres parties de l'Europe moyenne. Dans la première moitié du 17e siècle l'Allemagne fut ravagée par la guerre de Trente ans, et le travail des champs en resta paralysé longtemps: aussi ne fut-ce que dans le siècle suivant que se firent de grands progrès dans la culture du trèfle rouge. Elle se répandit fort dans le Palatinat de 1760 à 1770. Nous en devons l'introduction dans notre patrie à Jean Rodolphe *Tschiffeli*, le fondateur, en 1759, et premier président de la célèbre Société économique de Berne. Il est vrai que précédemment déjà la plante avait été cultivée çà et là en Suisse, sous le nom de trèfle *hollandais* ou *espagnol*, qui lui venait de ce que la semence était tirée des provinces espagnoles des Pays-bas; mais la culture ne s'en propagea chez nous que par les efforts de cette société bernoise, dont l'activité s'étendit bientôt sur toute la Suisse. Cependant, en Suisse comme en Allemagne, la culture du trèfle rouge ne put prendre un grand développement qu'après l'abolition du droit de vaine pâture, qui s'exerçait sur les jachères au moyen de moutons et de porcs. Ces soles furent dès lors occupées par le trèfle et les récoltes sarclées, et il en résulta une révolution profonde dans toute l'économie rurale. En Allemagne ce fut notamment Jean Chrétien *Schubart*, à Würchwitz près de Zeitz (Prusse), qui reconnut bientôt les avantages de ce système sur l'ancien assolement triennal (1° blé d'automne, 2° blé de printemps, 3° jachère), et mit beaucoup de zèle à le faire adopter généralement. Ce mérite lui valut l'honneur d'être anobli par l'empereur Joseph II, avec le titre de baron «de la Tréflière.» Après la Société économique de Berne, qui, par elle-même et les succursales qu'elle avait à Zurich, à Bâle, etc. exerçait, au siècle passé, une influence si heureuse sur notre pays, ce fut par Emmanuel *de Fellenberg* que le trèfle rouge fut introduit de plus en plus dans notre agriculture. Quant à celle de l'Allemagne, *Thaer*, l'auteur des Principes de l'agriculture rationnelle, la fonda sur des bases toutes nouvelles, grâces au rôle qu'y remplissait ce trèfle, dont il avait reconnu l'importance dans un voyage en Angleterre. Ce dernier pays l'avait reçu de la Flandre, en 1633, par les soins du lord-chancelier *Weston*, comte de Portland. Il n'arriva dans l'Amérique du Nord qu'entre 1790 et 1800.

Valeur agricole.

« Ce qu'est le froment parmi les céréales, a dit *Schwerz*, le trèfle rouge l'est encore mieux parmi les plantes fourragères ». Le jugement de cet illustre agronome n'a rien perdu encore de sa justesse, quoique, dans ces derniers temps, la culture d'autres trèfles ainsi que de graminées ait fait des progrès si considérables. Toutefois, dans les circonstances de notre pays, des mélanges rationnels de graminées et de trèfles rendront de meilleurs services que le trèfle rouge tout seul; mais généralement il entre dans ces mélanges comme élément principal. Pour l'affouragement à l'étable, pendant l'été, ce trèfle, pris pur, l'emporte sur tous les autres fourrages. Il est vrai que sa culture ne réussit pas partout et qu'elle exige beaucoup plus d'attention et de savoir que celle de la plupart des autres plantes fourragères. Il ne prospère d'une manière certaine que dans des sols fertiles et bien préparés, qui n'ont pas porté de trèfle depuis plusieurs années. On peut l'intercaler dans tout système d'assolement. D'ordinaire, il est semé au printemps dans une céréale, exploité l'année suivante et détruit à la charrue en automne: car, bien qu'à l'état sauvage il soit vivace, on ne le tient en général pas plus d'une année, s'il est cultivé en semis pur. C'est pourquoi la plante est regardée comme bisannuelle par l'agriculteur. Dans la troisième année beaucoup de pieds périssent ordinairement et le rapport de ce qui reste est fort médiocre.

Description botanique.

Description botanique. Plante bisannuelle ou vivace. Souche cespiteuse, à racine pivotante. L'axe principal reste très court, sans jamais être florifère, et ses feuilles serrées forment une rosette étalée à terre. De l'aisselle des feuilles inférieures de cet axe il sort des rameaux ou des tiges latérales, qui sont ascendantes, longues de 30—50 centimètres, glabrescentes ou pubescentes à poils apprimés, et portent des capitules de fleurs à leur extrémité et le plus souvent encore à l'aisselle de leurs feuilles supérieures. Feuilles composées de trois folioles, à pétiole allongé dans celles du bas et raccourci dans celles du haut; les deux supérieures rapprochées du capitule terminal et lui faisant un involucre. Dans la variété cultivée dite *Trifolium sativum* le capitule est pédonculé et élevé au-dessus des feuilles florales. Folioles ovales, entières ou à peine denticulées, ciliées de poils courts et fins. Stipules membraneuses et parcourues de veinules vertes, soudées au pétiole, à partie libre courte et triangulaire, brusquement aristée. Fleurs en capitules globuleux ou ovoïdes, solitaires ou géminés, ordinairement subsessiles entre deux feuilles florales. Calice velu, d'un vert grisâtre, à tube allongé, à 10 stries, à 5 dents filiformes et ciliées, dont l'inférieure ou antérieure est environ deux fois aussi longue que les autres. Corolle rose-purpurine, rarement blanche, dont la partie inférieure est en tube formé par la soudure des onglets ou pétioles de tous les pétales et des filets des 9 étamines inférieures. Au tiers supérieur de la fleur les pétales et les étamines se dissocient du tube et deviennent libres entre eux de la manière suivante: L'étendard (fig. 1—3 *Fa.*), en lequel se prolongent la face supérieure et les latérales du tube, s'en sépare en s'élargissant fort à la base, et embrasse ainsi la partie inférieure de la fleur. La carène, qui prolonge la face inférieure du tube, s'élargit antérieurement en une sorte de cuiller contenant les étamines (fig. 1—4 *Sch.*) Les ailes (fig. 1—4 *Fl.*) se détachent du tube avec des onglets minces (fig. 5 *S.*) et ont près de la base deux appendices dirigés en arrière et s'appliquant sur la carène (fig. 2, 4, 5, *f.*) Le tube formé par les 9 étamines soudées par les filets, après s'être séparé du tube de la corolle, se décompose et ces étamines libres, raides et infléchies, sont logées dans le creux de la carène. La 10ᵉ étamine, qui n'a pas été soudée avec les autres (fig. 2, *f.*, *St.*), est libre dans toute la longueur du tube de la corolle, et, en en sortant, elle rejoint les autres dans la carène. Enfin le pistil se trouve au fond de la fleur, entouré du tube formé par les étamines et la corolle: l'ovaire est court, ordinairement bi-ovulé (fig. 2, 6, *Frkn.*) et le style est allongé, filiforme (fig. 2, 4, 6, *Gr.*), à stigmate (fig. 2, 6, *N.*) dépassant les étamines dans le creux de la carène.

Le trèfle est au nombre des plantes qui restent stériles si les insectes n'ont pas accès dans leurs fleurs. Il est absolument *nécessaire* que la pollinisation du stigmate se fasse ici par de petits visiteurs ailés venant butiner dans la fleur du nectar ou du pollen, et il est très vraisemblable qu'ils le font en transportant la poussière fécondante sur le stigmate d'*autres* fleurs.*) *Darwin* a trouvé que cent capitules de trèfle, qui étaient protégés par une gaze contre la visite des insectes, étaient restés stériles, pendant que dans une égale quantité de ces inflorescences, voisines des premières et où les insectes avaient accès, il s'était produit environ 2720 graines. D'après les observations de *Darwin* et de *Muller*, ce sont principalement les *bourdons* qui amènent cette fécondation du trèfle; mais Muller a observé qu'outre 19 espèces de bourdons, il y a encore 26 autres insectes, appartenant aux ordres des hyménoptères ou des lépidoptères, qui remplissent le même rôle.

La fleur du trèfle présente certaines particularités qui sont en rapport avec ce mode de fécondation. Le nectar recherché des insectes est sécrété par la base du tube formé par la corolle et les étamines, et il s'amasse autour de l'ovaire. Le passage pour arriver jusqu'à ce dépôt est largement ouvert, et après que la trompe de l'insecte a pénétré sous l'étendard et entre les deux ailes, elle peut

*) Jusqu'à présent, il n'a pas été prouvé par expérience que le transport du pollen sur le stigmate de la *même* fleur, ce qui doit arriver assez souvent par le moyen des insectes visitants, exerce réellement une action fécondante.

facilement s'allonger et atteindre jusqu'au fond du tube*). Cependant il faut que cet organe soit long de 9 à 10 millim., profondeur à laquelle se trouve le liquide sucré. En le suçant, l'insecte se tient accroché aux ailes et à la carène et les abaisse par son poids; il en résulte que le stigmate et les anthères viennent en contact avec la face inférieure de sa tête, et alors ce stigmate reçoit du pollen provenant d'une fleur visitée précédemment, pendant que ces anthères en déposent sur l'insecte une nouvelle dose. Après le départ de celui-ci, la carène se relève, grâce à l'élasticité de sa base, et recouvre de nouveau les organes sexuels, qui sont maintenus dans leur position réciproque à l'aide des appendices des ailes. (*Muller.*)

Le fruit du trèfle rouge (fig. 7) est un légume ou une gousse**) contenant une seule graine, et il est divisé en deux parties nettement séparées par une jointure transversale; la supérieure formant une sorte de couvercle (opercule) lisse, luisant, à paroi mince (fig. 7, *o.*) et l'inférieure étant comme une petite capsule (fig. 7, *u.*) ridée, mince, et se déchirant d'ordinaire irrégulièrement. La graine (fig. 8, 9) est suborbiculaire ou oblongue, un peu aplatie, soit rougeâtre ou jaunâtre, soit jaune sur les arêtes et rouge sur les faces. Sur l'une des arêtes la radicule est bien visible en dehors sous forme d'une petite saillie (fig. 8, 9, *W.*), et au-dessous d'elle se remarque le hile (fig. 9, *H.*).

Variétés. **Variétés.** Les agronomes distinguent deux variétés principales: **I. Le Trèfle des prés sauvage.** *Trifolium pratense*, L. var. *pratorum*, Alefeld, qui porte aussi le nom plus ancien et peut-être meilleur de *T. p.* var. *perenne*, Host, soit de «Trèfle des prés vivace»; quelquefois, mais à tort, on le désigne sous celui de *T. medium*, L., T. intermédiaire, qui appartient à une autre espèce. En Angleterre on l'appelle vulgairement *Cow-grass* ou herbe des vaches. Cette variété est plus basse que le trèfle cultivé, et elle en diffère encore par les caractères suivants: Racine très-fibreuse; tige plus poilue ordinairement, pleine (non fistuleuse); feuilles radicales à folioles arrondies, une fois et demie plus longues que larges, feuilles florales supérieures sessiles, ordinairement très-rapprochées du capitule; stipules à partie libre plus longue et plus étroite et revêtues de poils plus longs; capitules portant moins de fleurs mais paraissant être aussi gros que ceux de l'autre variété (Sinclair); pédicelles des fleurs ordinairement plus longs et plus menus et avec tendance manifeste à se courber ou fléchir en dehors. Néanmoins et en certains cas, il n'est pas toujours possible de distinguer cette var. de la suivante. Le trèfle des prés de la variété sauvage, s'il est cultivé dans une prairie artificielle, a sur l'autre variété l'avantage d'être plus durable et par là de pouvoir servir deux ou trois ans. Il est aussi moins sensible aux inconvénients du climat ou du sol, et il réussit mieux que l'autre dans des conditions où cette plante fourragère n'est plus d'un rendement assuré, et, en outre, il est plus propre au fanage. Mais la graine en est plus chère, et il est rare que le commerce la fournisse en état de pureté.

II. Le **Trèfle des prés cultivé,** *Trifolium pratense*, L. var. *sativum*, Schreber & Hoppe, qui s'appelle aussi grand Trèfle de Brabant, d'Italie, d'Espagne, etc. Cette variété prend un plus grand développement que la précédente, mais ne peut être exploitée qu'une seule année. Caractères distinctifs: Racine pivotante, peu fibreuse; tige plus souple et ordinairement fistuleuse; capitules souvent géminés, plus ou moins pédonculés et éloignés des feuilles florales supérieures, qui sont sessiles; fleurs ordinairement de couleur plus claire. Elle est un produit de la culture, et il est facile de s'en rendre compte par l'expérience: on sème dans un champ de la graine de trèfle sauvage et en en cultivant la descendance pendant plusieurs générations, l'on obtient des plantes qui ne se distinguent en rien du trèfle cultivé. Si les deux variétés sont cultivées ensemble dans un même pré durant plusieurs années, ils finissent par ne plus présenter aucune différence, ni dans leur végétation ni dans leurs propriétés, et elles sont par conséquent devenues d'une valeur égale. Mais cette valeur est très-sujette à varier dans des trèfles rouges originaires de contrées diverses. Il n'est pas indifférent d'employer

---

*) Cet accès normal ne suffisant pas à la rapacité des bourdons de terre, ils savent s'en ouvrir un artificiel, en pratiquant par leur morsure un trou dans le tube de la corolle, immédiatement au-dessus du calice, et par là leur trompe, qui est longue de 7—9 millim. peut atteindre jusqu'au dépôt de nectar. C'est là la seule voie par où puisse y arriver l'abeille, dont la trompe est plus courte, et aussi use-t-elle à cet effet des trous découpés par les bourdons. Il se comprend bien qu'en s'y prenant ainsi, les insectes butineurs ne sont pas dans le cas d'opérer la fécondation du stigmate, mais il peut arriver qu'elle se fasse par une abeille venant de récolter du *pollen* dans la fleur.

**) Ce terme de gousse ou de légume est impropre ici, en ce sens que le fruit du trèfle ne s'ouvre pas en deux valves comme celui des autres Légumineuses.

de la semence qui provienne soit de la Suisse soit de l'Allemagne, de l'Autriche, de l'Italie, du midi de la France ou enfin de l'Amérique. C'est le produit de notre pays qui est le plus avantageux pour nos cultures; la graine allemande, autrichienne ou française est déjà moins bonne et la moindre est l'italienne ou l'américaine.

1. *Trèfle rouge de Suisse.* Celui qui a été cultivé en Suisse durant un temps assez long se distingue des autres par son développement plus ample et une extrême rusticité.

2. *Trèfles rouges de Styrie et de Silésie.* Ils se rapprochent le plus du nôtre, deviennent très-hauts, fleurissent plus tard que les suivants, et sont aussi moins sensibles et d'une durée plus longue.

3. *Trèfle rouge de France.* Il n'arrive pas à la hauteur des précédents, et est aussi de durée moindre et un peu plus sensible.

4. *Trèfle rouge d'Alsace et du Palatinat.* Ils tiennent à peu près le milieu entre celui de France et ceux de Styrie et de Silésie.

5. *Trèfle rouge d'Italie.* Il est fort précoce mais s'épuise vite et est très-sensible à la rigueur de nos froids, de sorte que souvent il disparaît déjà dans le premier hiver.

6. *Trèfle rouge d'Angleterre.* Il devient très-haut, a beaucoup de sève et de feuilles et dure assez longtemps. Comme toutes les sortes originaires du Nord de l'Europe, il compte parmi les plus recommandables.

7. *Trèfle rouge de l'Amérique du Nord.* Il a été beaucoup importé en Europe dans ces derniers temps; mais il y a lieu de s'en défier par suite des résultats très-désavantageux de nombreux essais qui en ont été faits. Il est revêtu de poils longs et serrés, ce qui est probablement un effet du peu d'humidité atmosphérique de l'Amérique du Nord. Le rendement en est à peu près égal à celui des trèfles rouges d'Europe, mais l'américain étant moins rustique, il est de résistance moindre contre les variations de la température et de l'humidité. Samsœ *Lund* a fait à cet égard des expériences intéressantes*) à Copenhague. Il a observé qu'après le si rigoureux hiver de 1878/79 il se retrouvait, sur un pied carré d'un champ:

17.$_1$ plantes de trèfle rouge européen,
5.$_4$ » » américain.

L'américain avait donc été trois fois moins résistant que l'européen. Mais, dans des hivers moins froids que celui-là, le trèfle d'Amérique ne souffrait pas plus que celui d'Europe. Cependant on court des risques beaucoup plus grands à cultiver celui-là de préférence au nôtre. C'est peut-être à cette moindre rusticité du trèfle rouge américain qu'est due dans un champ ce qui s'appelle la *fatigue du trèfle* ou la *répugnance au trèfle*, parce que souvent la semence en est vendue comme étant celle du trèfle rouge européen. Le trèfle américain est aussi d'un rapport moindre que le nôtre. P. *Nielsen*, à Œrslev, a obtenu sur un bon terrain, comme moyenne de 14 essais, du trèfle européen 210 quint. de foin par hectare et seulement 191 du trèfle américain, et, sur un terrain moins bon, 161 quint. de trèfle européen et 145 de trèfle américain. Le poids moyen d'une plante était de gr. 6.$_2$ pour le trèfle européen et de gr. 4.$_4$ pour l'américain.

Sur les Alpes il se rencontre une forme du trèfle des prés nommée *Trifolium pratense*, L. var. *alpinum*, Hoppe ou *nivale*, Sieb., de taille très-basse et avec de gros capitules, à fleurs d'un blanc sale ou rarement rougeâtres.

Habitat, climat, sol, engrais. Le trèfle rouge des prés est indigène dans *tous* les pays de l'*Europe* excepté la Grèce; dans l'Algérie; dans l'Anatolie, l'Arménie, le Turkestan, la Sibérie (Oural, Altaï, Baïkal) et dans l'Inde (Cachemire et Garwall). Il a été naturalisé dans l'Amérique du Nord. Distribution géographique.

Dans notre pays il se trouve à l'état sauvage dans les prés de bonne qualité et on les regarde comme d'autant plus fertiles qu'ils en portent davantage. Il se rencontre aussi aux bords des champs et des chemins, dans les lieux herbeux des bois et sur les pâturages. Stations.

Dans les Alpes et les Pyrénées il monte, sous sa forme alpine (var. *nivale*, Sieb.) jusqu'à la hauteur de 2500 mètres, et dans le S. de l'Espagne même jusqu'à celle de 3000 mètres. Limites d'altitude.

*) Om Landbrugets kulturplanter og dertil horende Froavl. Nr. 2. Copenhague, 1881.

Climat. Dans l'Allemagne méridionale et moyenne il est encore cultivé dans des contrées montagneuses qui sont hautes de 1000 mètres environ.

Au printemps le trèfle rouge est très-sensible au froid sec. En avril, mai et juin, il lui faut, afin de prospérer au mieux, un temps humide et chaud. Il peut être cultivé avantageusement dans toute la région des blés d'automne ainsi que dans la zone inférieure de celle des blés de printemps. Dans les hivers sans neige, les alternatives de gel et de dégel le déchaussent très souvent et, au printemps, les souches font saillie au-dessus de la superficie du sol et périssent la plupart. Il faut alors avoir recours à un roulage énergique. Cet inconvénient se présente surtout dans les terres peu profondes, meubles et très-riches en humus, mais on peut le prévenir en recouvrant le champ, à l'automne, de fumier d'étable long ou de branchage de sapins.

Sol. En ce qui concerne le sol, le trèfle rouge est moins difficile que la luzerne et l'esparcette. Comme il ne s'enracine pas aussi profondément que celles-ci, il n'est pas nécessaire d'avoir égard au sous-sol. Il réussit le mieux dans les marnes riches en humus ainsi que dans les terrains de limon et d'argile, qui sont frais et fertiles et contiennent un peu de calcaire. En général, il prospère plus dans les terres fortes que dans les légères. Il peut même être cultivé sur l'argile la plus compacte, si elle est d'ailleurs en bon état de culture. Mais il ne s'accommode pas d'un terrain auquel il arrive de rester mouillé longtemps. Un sable limoneux se prête aussi à la culture du trèfle rouge, pourvu qu'il soit suffisamment riche en humus, frais et fertile. Les sols sur lesquels il ne végète qu'avec peine sont les sables arides et les calcaires brûlants ainsi que les terres tourbeuses ou marécageuses; toutefois on peut les rendre propres à cette culture, ceux-là en les amendant avec de l'argile et celles-ci au moyen du marnage ou du chaulage.

Ce trèfle reste bas et maigre dans les mauvais terrains, et il est sujet à se déchausser pendant l'hiver sur ceux qui sont légers et spongieux ainsi que sur les coteaux tournés au nord et fort arrosés de sources, à sécher sur ceux où domine le sable, et à périr le plus souvent dans les champs secs et en pente exposée au soleil. Un sous-sol ferrugineux ou de terre ocreuse lui est contraire, et il ne végète absolument pas dans un terrain qui présente à quelques pouces de profondeur une couche soit de rocher soit d'une argile inculte et imperméable à l'eau. Il se plaît dans un sol consistant, humide, riche en terreau et contenant de la marne ou du calcaire en parcelles menues, et qui ne soit ni mouillé, ni sablonneux et aride, ni ocreux, ni peu profond, ni épuisé par les récoltes précédentes. Il est vrai qu'une culture bien entendue peut souvent réparer en grande partie ce qu'il y a de défectueux dans un terrain quelconque (*Schwerz*).

Epuisement du sol. 1000 ℔ de trèfle rouge tirent du sol:

Azote	19.7 ℔	Chaux	20.0 ℔
Acide phosphorique	5.6	Magnésie	6.1
Potasse	18.8	Acide sulfurique	1.7
Soude	1.2	Silice	1.4

Engrais. Le trèfle rouge ne réussit que dans un sol qui est en bon état de fertilité. Pendant qu'il végète on ne lui sert ordinairement pas d'engrais, à moins que ce ne soit du *plâtre*.

Ce minéral est le sulfate de chaux des chimistes et, à l'état pur, il est composé ainsi:

Acide sulfurique	46.51 %
Chaux	32.56 %
Eau	20.93 %

On l'emploie habituellement à l'état *cru* ou non cuit, et en poudre fine, qui se répand sur le trèfle, à la fin d'avril ou au commencement de mai, par un temps humide et chaud, dans la proportion de 8 à 12 quint. par hectare (3 à 4 ½ quint. par arpent). Les bons effets dépendent de la nature du sol, du climat et des conditions météorologiques. Il peut arriver, dans un sol pauvre, que le plâtre ne soit pas d'une utilité appréciable, car son action comme engrais n'est pas directe, et il est simplement un stimulant qui amène à la portée de la plante des éléments nutritifs contenus dans la terre. Mais là où ceux-ci manquent, le plâtre ne saurait les suppléer et n'a plus de rôle à remplir. C'est pourquoi il agit le plus énergiquement dans les terres riches et chaudes, qui sont les plus propres à la culture du trèfle. Par un temps humide et chaud l'efficacité en est plus prononcée que par un temps sec, parce qu'une partie de plâtre n'exige, pour se dissoudre, pas moins de 400 parties d'eau. L'usage du plâtre en agriculture se répandit grâce surtout aux efforts du pasteur Mayer, à Kupferzell, dans le Palatinat, dont les expériences à ce sujet commencèrent en 1765. Quant à l'explication chimique des effets qu'il produit, elle a été l'objet d'un grand nombre de recherches, mais nous n'avons pas à nous en occuper ici. — Au moyen des *cendres de bois* on a aussi obtenu çà et là des résultats avantageux dans la culture du trèfle rouge. *Schwerz* rapporte que le village de Kriegsfeld, dans le Palatinat, qui avait été dévasté dans la guerre et presque abandonné de ses habitants, retrouva le bien-être grâce à l'énorme produit en trèfle qu'ils eurent de leurs champs par l'aide des cendres. Dans ces derniers temps on a aussi obtenu d'excellents effets du *salpêtre du Chili*, employé en couverture. On a recours plus rarement au *sulfate d'ammoniaque*, dont le prix est assez élevé mais qui serait un engrais de première qualité. Ainsi le baron *Gail* a eu de deux parcelles, dont une seulement avait été fumée de ce sulfate, à raison de 2 quint. par hectare :

parcelle fumée 110 quint. de trèfle en foin par hectare,
» non » 74 » » » »

Le *lisier* ne convient guère pour le trèfle rouge ; mais il est avantageux de recouvrir, à la fin de l'automne, les tréflières de fumier d'étable long, surtout celles où la plante est exposée à être déchaussée pendant l'hiver. Cette espèce fourragère ne doit pas se cultiver dans les prairies *arrosables* ; cependant, comme celles-ci ne reçoivent ordinairement pas d'eau les deux premières années, on pourrait y tenir du trèfle rouge durant ce temps.

Végétation, rendement, valeur fourragère. La première feuille qui se montre sur un pied de trèfle n'est pas trifoliolée, mais simple et de forme arrondie. Pendant qu'elle se développe, la radicule pivotante pénètre dans le sol, en descendant plus vite que ne s'élève d'abord la partie aérienne de la jeune plante. Aux aisselles des premières feuilles il apparaît de bonne heure des bourgeons, dont les inférieurs donneront plus tard des axes ou tiges secondaires, qui pourront de leur côté se ramifier en axes tertiaires. Si la semaille a été faite au printemps et dans une céréale, le tallage de la plante se produit au milieu de l'été. Le développement de la souche correspond à celui des tiges. Son axe principal descend profondément dans le sol, en émettant un grand nombre de racines latérales, qui elles-mêmes se ramifient beaucoup et s'étendent au large dans la couche arable, pour puiser tout ce qu'elles y trouvent d'eau et de substances servant à la nutrition de la plante. Aux radicelles les plus fines, comme chez celles de la plupart des espèces de la famille des Légumineuses, il se forme de petits corpuscules arrondis, qui contiennent de l'albumine et dont la fonction physiologique n'a pas encore été élucidée. Les parties de la racine principale et des latérales qui sont arrivées au terme de leur croissance s'accourcissent peu à peu en tirant à elles et ramenant sous la surface protectrice de la terre le collet et la base des tiges garnie de feuilles. La plante est alors mise à même de taller beaucoup, au moyen des bourgeons latéraux inférieurs, qui ont été mis ainsi à l'abri de la faux. Il en résulte aussi que les pieds de trèfle ont plus de prise dans la terre et risquent moins d'être déchaussés pendant l'hiver.

Un pareil accourcissement de la racine a lieu chez d'autres plantes, et d'une manière plus apparente encore, notamment chez les carottes, dont la tête se trouve, en automne, rentrée dans le sol, quoiqu'il se fût tassé autour d'elles pendant l'été*). Hugo de Vries a constaté dans une racine principale de trèfle, qui était épaisse de deux millim., un accourcissement de passé 10 % dans l'espace d'un mois et demi.

Après que le trèfle a été fauché, la tige se dessèche et périt jusqu'aux entre-nœuds inférieurs, qui sont très-courts et portent des bourgeons dormants ou déjà poussants, et au moyen desquels il se fait un nouveau tallage de la plante. Lorsque le trèfle a été coupé afin d'en avoir la semence, il peut arriver que le dessèchement de certaines tiges gagne jusqu'à la base et est cause que la souche pourrit et s'évide intérieurement; aussi une tréflière de laquelle on a récolté de la semence est-elle sujette à se dégarnir plus vite que celles qui ne sont pas dans ce cas.

Développement. Si le trèfle est semé dans une céréale et que le temps lui soit favorable, il se développe déjà dans l'année du semis avec assez de vigueur pour donner à l'automne une petite coupe ou servir du moins de pâture; mais ce « trèfle d'éteule » ne doit pas être fauché trop tard, afin qu'il puisse encore faire son tallage avant l'hiver et ne soit pas surpris par les gels. Pendant l'hiver, les jeunes pousses d'automne, qui sont comprimées et ont deux côtés aplatis, se couchent sur le sol par l'un d'eux, et il en est de même des feuilles. En se tapissant ainsi contre terre, toute la plante, selon la remarque de *H. de Vries*, a l'air de chercher à se protéger autant que possible contre les dangers de la froidure. Mais en réalité elle n'est sujette à en souffrir que dans les cas de gelée très-forte ou de dégel subit. Au printemps les tiges d'automne se développent et se mettent à fleurir, pendant qu'il se produit encore de nouvelles pousses. La floraison se fait de la fin de mai au commencement de juin.

Récolte. Le fourrage vert, si l'on veut qu'il ne soit pas trop dur, doit être fauché quelque temps avant la fleur. A l'état jeune, le trèfle rouge est le plus riche en albumine et contient le moins de fibre ligneuse, comme le démontrent les résultats suivants d'analyses de *Ritthausen :*

Foin de trèfle rouge, avec 16.7 % d'eau:

	Tout jeune.	Au 13 juin.	Au 28 juin.	Au 20 juillet.
Albumine	21.9 %	13.6 %	11.2 %	9.3 %.
Fibre ligneuse	24.7 %	32.8 %	32.0 %	48.7 %.

A mesure que la plante vieillit, il se fait donc en elle de ces deux éléments nutritifs une diminution du plus utile et une augmentation de celui de moindre valeur, avec quoi il faut remarquer encore que dans le trèfle jeune l'un et l'autre possède une digestibilité beaucoup plus grande.

Ainsi, selon les expériences de Gustave *Kühne*, il s'assimile les proportions suivantes:

	20 mai peu avant la fleur.	7 juin au commencem. de la fleur.	20 juin à la fleur presque passée.
Albumine	70.9 %	65.0 %	58.8 %
Fibre ligneuse	50.6 %	46.6 %	39.8 %
Substances extractives non azotées	70.2 %	68.4 %	66.3 %

---

*) *H. de Vries.* Wachsthumsgeschichte des rothen Klees. Landwirthschaftliche Jahrbücher von Nathusius und Thiel. VI. Bd. Berlin, 1877.

D'après d'autres recherches, d'un trèfle affourragé à l'état vert et pris à différents degrés de son développement, il a été digéré les proportions suivantes :

Tout jeune.	Avant la fleur.	A la fleur.	Après la fleur.
60 %	53 %	50 %	39 %

Vœlker obtenait le produit le plus considérable avec deux coupes par an ; avec trois et quatre coupes ou cinq et six le rendement allait en diminuant de plus en plus, mais le moindre était celui d'une seule coupe annuelle. A l'institut agronomique de Tharand (Saxe) il a été examiné un trèfle qui, du 29 mai au 24 juin, avait été six fois coupé ou arraché à la main ; par ce dernier moyen l'on avait voulu reproduire l'effet exercé dans la culture par un fréquent broutage des vaches. Ce trèfle-là et un autre, pris dans le même champ, mais le produit de deux coupes seulement, faites le 7 juillet et le 24 août, à un degré assez avancé de sa végétation, ont donné, pour une parcelle de 25 ares, les résultats suivants :

	Substance sèche.	Albumine.	Fibre végétale.
Trèfle coupé en six fois . . .	2924 ℔	615 ℔	637 ℔
» fauché en deux fois . .	5811 ℔	762 ℔	1954 ℔

Cependant un broutage fréquent et fait de près a pour conséquence non seulement de réduire le produit mais de faire en sorte que la plante s'épuise plus vite, ne végète plus que misérablement et finit par périr.

Le trèfle rouge est en général consommé à l'état vert et plus rarement à l'état sec. Le fanage entraîne toujours une perte plus ou moins grande de matière, variant d'après les conditions météorologiques et la méthode employée ; car les folioles devenues sèches sont très-fragiles et tombent facilement, et cela d'autant plus que le foin est remué souvent. Comme les feuilles du trèfle constituent au moins un cinquième de la totalité du produit et que, de toutes les parties de la plante ce sont elles qui ont le plus de qualité nutritive, il s'en suit que la perte en question peut aller jusqu'à un tiers de la valeur fourragère de ce foin de trèfle.

D'après les recherches de *Dietrich*, les proportions en poids des principales parties de la plante, considérées dans différentes phases de son développement, sont les suivantes, en valeurs centésimales :

	31 mars. Au développement des feuilles.	26 avril. Au développement des tiges	19 mai. A la formation des bourgeons.	1er juin. Au commencement de la fleur.	16 juin. En pleine fleur.	30 juin. A la fin de la fleur.
Feuilles	40	41	24	24	19	18
Pétioles	60	29	14	12	11	10
Tiges	—	30	58	58	59	60
Capitules . . .	—	—	4	6	11	12

Selon *Ulbricht*, les feuilles contiennent, en proportion centésimale, trois fois autant d'albumine que les tiges. Le mode de fenaison le meilleur ici est donc celui par lequel il se perd le moins de feuilles, soit celui qui remue le foin aussi peu que possible. Par cette raison, le moins avantageux est le moyen ordinaire, dans lequel la dessiccation se fait au soleil et le foin doit être retourné plusieurs fois. Souvent celui-ci ne livrerait à la ferme que des tiges dépouillées de leurs feuilles. Il est mieux d'avoir recours au procédé du séchage à l'air, dans lequel le trèfle est coupé avec la faux armée, et après que les andains ainsi formés ont été laissés au repos pendant deux jours, les plantes sont dressées et disposées en rangées. Le séchage en moyettes présente les mêmes avantages, mais exige un peu plus de travail. On peut recommander aussi la méthode employée pour la préparation du foin *brun* ainsi que celle dite de Klappmeyer, qui est fondée sur le même principe, l'une et l'autre étant surtout de mise en automne, où le foin sèche moins facilement. Mais les procédés de dessiccation les plus convenables pour le trèfle sont ceux où elle se fait sur les échafaudages, comme les porte-trèfles recommandés par *Schwerz*, ou plutôt les pyramides qui, depuis ces derniers temps, sont de plus en plus usitées à cet effet en Allemagne.

Rendement. Le produit est sujet à varier énormément suivant la qualité du sol, son état de fumure, les circonstances atmosphériques, etc. *Block* rapporte qu'une expérience de quarante années lui a prouvé que, même dans les terrains les mieux appropriés à la culture du trèfle rouge, on ne peut, en moyenne, compter dans 4 ans que sur 3 récoltes complètes; ou, ce qui revient au même, que le moindre produit qu'on risque d'avoir dans une période de 4 ans équivaut à une récolte absolument manquée. *Werner* estime le produit moyen à 120 quint. de foin de trèfle par hectare. Guido *Krafft* ne le porte qu'à 80 quint., mais reconnaît que dans les terres et les années favorables, il peut monter jusqu'à 140—200 quintaux. *Schwerz* admet comme moyenne 100 quintaux. *Sprengel* la fixe à 120 quint. pour les années humides, et pour les sèches à 80 quint. à peine. *Langethal* dit qu'en moyenne on ne peut attendre des sols peu propres à cette culture qu'un rapport de 80 quintaux, mais qu'il est de 120 dans les bonnes terres ordinaires et de 160 dans les marnes calcaires fertiles, et qu'enfin dans les tréflières de la meilleure qualité il peut, dans les années favorables, monter jusqu'à 200 quintaux et davantage. *Häni* assure que le trèfle rouge, cultivé dans les bonnes conditions, fournit 140—170 quint. de foin par hectare, soit 50—60 quint. par arpent.

Valeur fourragère. 100 ℔ de trèfle rouge fauché à la fleur donnent environ 20 ℔ de foin. A l'état vert et pendant qu'il est en pleine floraison, il contient 80 % d'eau, tandis qu'un foin de bonne qualité n'en a plus que 16 %. Une partie de foin équivaut à cinq parties de trèfle vert; mais, comme pendant la fenaison il se perd toujours une certaine quantité de feuilles, soit des organes de la plante les plus riches en substances nutritives, la valeur fourragère du trèfle en foin est relativement inférieure à celle d'une quantité correspondante de trèfle vert.

D'après les analyses de Wolff, le trèfle rouge présente la composition chimique suivante:

Qualité	Matière organique	Albumine	Fibre ligneuse	Substances extractives non azotées	Graisse	Partie assimilable			
						Albumine	Hydrates de carbone	Graisse	Proportion des principes nutritifs
A. Foin	%	%	%	%	%	%	%	%	
de moindre qualité . .	79,9	11,1	28,9	37,7	2,1	5,7	37,9	1,0	1 : 7,1
de qualité moyenne .	78,7	12,3	26,0	38,2	2,2	7,0	38,1	1,2	1 : 5,9
très-bon	77,5	13,5	24,0	37,1	2,9	8,5	38,2	1,7	1 : 5,0
excellent	76,5	15,3	22,2	35,8	3,2	10,7	37,6	2,1	1 : 4,0
B. Fourrage vert									
avant la fleur	15,5	3,3	4,5	7,0	0,7	2,3	7,1	0,5	1 : 3,8
en pleine fleur	18,3	3,0	5,8	8,9	0,6	1,7	8,7	0,4	1 : 5,7

Le trèfle récolté sur un bon sol est plus riche en principes nutritifs que celui qui provient d'une terre de qualité moindre, froide et humide. *Werner*, à Poppelsdorf, en affourrageant ses vaches avec du trèfle vert en tirait plus de lait qu'en leur donnant une quantité correspondante de foin, et ce fait a été constaté par les expériences d'autres agronomes. S'il s'agit de produire du lait avec le trèfle, il faut donc, autant que possible, l'employer à l'état vert. Mais si l'on tient à l'avoir en foin, il est préférable, plutôt que de le semer pur, de le mélanger en certaine proportion avec d'autres plantes fourragères.

Récolte. **Récolte, impuretés et falsifications de la semence.** Pour la production de la semence, il est mieux de cultiver le trèfle dans des champs à sol léger et sec que dans des terres fortes et humides, parce que dans celles-ci la plante est sujette à verser facilement et à porter plus de fleurs stériles. Par la même raison, les contrées à climat sec et chaud s'y prêtent mieux que celles des montagnes ou des côtes de la mer, où l'atmosphère est humide et répand des pluies fréquentes. Aussi les pays qui ont ce dernier caractère tirent-ils du dehors la majeure partie de la semence de trèfle rouge dont ils ont besoin. Ce produit se récolte ordinairement à la deuxième coupe, parce qu'alors les plantes, s'étant en général développées avec moins de luxuriance qu'à la première, ont aussi moins de penchant à verser et sont par conséquent d'un rapport plus considérable. Il y a cet inconvénient encore à la première coupe, qu'il a poussé parmi le trèfle un grand nombre de mauvaises herbes, dont les graines pourraient aussi se mêler dans sa semence. Dans les régions montagneuses ou côtières et dans les pays du Nord, où souvent les plantes de la seconde coupe ne mûrissent plus à temps, il convient de procéder à la première plus tôt que d'habitude, afin que la graine de la seconde coupe puisse encore mûrir et être séchée. Mais dans les contrées où, malgré ces précautions, la graine du trèfle risque de ne pas arriver à maturité, il faut la prendre sur la première coupe.

Dans les deux cas, que la semence se tire de la première ou de la seconde coupe, on choisit à cet effet les places du champ où le trèfle est le moins luxuriant et n'a pas versé; car dans celles où la plante s'est couchée déjà du temps de la floraison, la production en semence se réduit à très-peu de chose.

Les graines sont regardées comme mûries à point lorsque les capitules des fleurs sont devenus d'une couleur allant du brun jusqu'au noir et qu'elles-mêmes ont acquis un certain degré de dureté. A ce moment, les graines des capitules qui ont fleuri tard sont à peine aussi fermes que du cuir, pendant que celles des inflorescences plus précoces sont déjà bien durcies. Par les temps humides, il arrive souvent qu'il pousse de la souche des tiges supplémentaires, qui portent également de capitules de fleurs. Quoiqu'elles entravent la dessiccation des plantes dont on veut avoir la semence, on n'en tient pas compte quand il s'agit de s'assurer du point juste de la maturité des graines, parce que ces capitules d'arrière-garde apparaissent en nombre de plus en plus grand à mesure que la maturation avance.

Lorsqu'on a jugé que la maturité est parfaite, les porte-graines sont coupés avec la faux armée et disposés en très petits andains, et après avoir été, si le temps est beau, laissés en repos pendant deux jours, on les retourne avec un bâton ou à la main. Si le temps continue d'être favorable, on les laisse encore deux jours avant de les rentrer à la ferme. En Allemagne, on laisse les plantes fauchées en andains se ressuyer pendant deux jours et ensuite on les dresse en longues *rangées*, de façon que toutes celles de deux ou de quatre andains s'appuient les unes aux autres par leurs capitules (fig. 9, page 14). Souvent aussi on en fait de petites *moyettes*, en les bottelant avec des liens de paille (fig. 7, page 14). En cas de pluie imprévue, ces deux derniers procédés sont préférables au premier, car si les capitules couchés sur le sol sont exposés à la pluie durant quelques jours, la graine en souffre beaucoup et devient rouge et ratatinée. C'est la cause pourquoi la semence récoltée en Suisse a d'ordinaire la fausse couleur qu'on lui connaît. Il peut être avantageux aussi, pour avoir une bonne semence, de sécher les plantes sur des *perches à trèfle* (fig. 10, page 14). Si l'on veut la récolter dans un pré, sur des pieds de trèfle sauvages, qui y sont rares et envahis d'herbes diverses, ou dans des tréflières dans lesquelles les plantes ne sont plus que clair semées, il devient difficile, si non impossible, de le faire par la méthode ordinaire. On a recours alors à l'instrument dit «peigne à trèfle» qui, dans sa forme la plus simple, consiste en un râteau à dents très rapprochées, par lesquelles les capitules sont arrachés pour tomber dans une toile adaptée au dos. Quelquefois ce râteau est muni de deux roues basses au moyen desquelles il est promené à travers le champ, et en ce cas les dimensions en sont plus grandes que quand il n'y en a point. Avec un tel appareil on ne peut — à moins de consacrer à l'affaire un temps énorme — ramasser toute la graine, parce qu'il s'échappe beaucoup de fleurs d'entre les dents du râteau et que celles-ci d'ailleurs ne saisissent ordinairement pas tous les capitules. Après que la semence a été recueillie de cette manière, qui exige passablement de travail, ce qui reste de plantes est converti en foin. Il est vrai que par la méthode ordinaire il se perd aussi beaucoup de graines, parce que le mouvement surtout fait tomber, à cause de la fragilité des pédicelles, plutôt des fleurs isolées que les capitules entiers. C'est pour cette raison que l'opération doit se faire avec les plus grands soins. Le mieux c'est de pouvoir battre les capitules déjà dans le champ sur des toiles étendues et au moyen de la machine. Mais, si cela ne se peut pas, les plantes sont transportées à la ferme dans des voitures garnies de toiles, pour être battues tôt ou tard, en temps opportun. Les fleurs, nous le savons, sont très faciles à séparer du foin, mais ce qui est difficile, c'est de faire sortir la graine et de sa fleur et de sa gousse. Si l'on ne peut disposer à cet effet d'une machine à égrener, le départ ne peut être exécuté que par des battages répétés, suivis chacun d'un criblage de la semence obtenue et d'un vannage qui en rejette les débris des fleurs et des gousses: le nombre des graines gagnées ainsi va diminuant de plus en plus, et après que cette triple opération a été faite successivement une dizaine de fois, l'on a retiré tout ce qu'il y en avait dans la récolte. C'est là un travail long et fatigant, et qui souvent même est impossible par un temps humide, parce qu'alors les fleurs se pénètrent facilement de l'humidité atmosphérique et deviennent toutes spongieuses. Cet égrenage réussit le mieux en hiver, par un froid sec et rigoureux, ou l'été suivant, dans lequel on puisse sécher les fleurs au soleil. On peut aussi avoir recours, à condition que les graines ne soient pas molles, à une broie à chanvre ou à une meule verticale d'huilerie. Un autre et très bon moyen d'égrenage consiste à faire passer les fleurs dans une paire de meules à épeautre, desquelles on a enlevé la trémie, afin de pouvoir jeter la matière, à la main et par petites portions égales, dans le trou central de la meule courante. Un instrument fort utile encore est celui qui s'appelle «égrugeoir à trèfle» et qui s'adapte dans la corbeille d'une machine à battre les céréales; quelquefois on le garnit d'une râpe en tôle, mais cette pièce a l'inconvénient de couper à beaucoup de graines leur radicule, de sorte qu'elles sont rendues incapables de germer, et, en s'imbibant d'eau, elles ne font que se séparer en leurs deux cotylédons. Les appareils les plus perfectionnés pour délivrer ces graines de leurs gousses sont ceux qui s'appellent proprement des *égrenoirs à trèfle* et dont l'industrie nous fournit plusieurs modèles. L'une des plus estimées de ces machines et celle de *Carrow*, à Prague, mais toutes sont d'un prix considérable.

Si le trèfle rouge est fortement mêlé de plantain lancéolé (*Plantago lanceolata*, L.), il convient de l'en séparer par un criblage avant l'égrenage de la semence, car après cette opération cela n'est plus guère possible, parce que les deux espèces de graines sont à peu près de la même grosseur. Le battage des capitules du trèfle a pour effet aussi de faire sortir de leurs capsules les semences du plantain, et comme elles sont plus petites que les fleurs du trèfle, il est facile de les en nettoyer au moyen d'un tamis. De cette manière on se débarrasse aussi d'autres graines de mauvaises herbes, notamment de celle des grandes espèces de patience (*Rumex obtusifolius*, L. et *R. pratensis*, Mertens et Koch). Dans l'Emmenthal où, grâce à la profondeur du sol, le plantain lancéolé et ces patiences sont des mauvaises herbes très communes, nous avons vu employer beaucoup ce procédé de nettoyage de la semence du trèfle, et nous possédons des échantillons des criblures qui en résultaient: ils consistent presque exclusivement en graines de plaintain, avec une petite quantité de celles de patiences, et seulement quelques graines de trèfle, qui se trouvent là pour être sorties de leurs fleurs déjà au battage des capitules.

Häni estime que le rapport en semence est de 4—6²/₃ quintaux par hectare, soit de 140—240 ℔ par arpent. Selon *Krafft* il est de 680—1040 ℔; selon *Sprengel* de 8—12 quintaux; selon *Langethal* de 4—8 quintaux et davantage, et selon *Werner* de 6—10 quintaux. D'après *Schwerz* on en récolte dans la Flandre (Belgique), en moyenne, 720 ℔ par hectare, et aux environs de Lokeren, dans le Wæsland, jusqu'à 11 quintaux.

Impuretés.

Une impureté malheureusement très-commune dans cette semence est la graine de la Cuscute (*Cuscuta Trifolii*, Babingt. et Gibs. ou *C. Epithymum*, Murr.), de cette parasite redoutée qui cause souvent dans les champs de trèfle des ravages si désastreux.

Fig. 33. Cuscute. *Cuscuta Trifolii*, Bab. et Gibs. Graines. *a.* en grand. natur. *b.* grossies 12—15 fois.

Environ 90 % des semences provenant de la Silésie et de l'Autriche en sont infestées, à moins d'avoir subi un nettoyage spécial. On s'est ingénié depuis longtemps, avec plus ou moins de succès, d'inventer des appareils propres à délivrer la semence de trèfle rouge de ce dangereux ingrédient. C'est Fellenberg de Hofwyl qui le premier, au commencement de ce siècle, a construit et employé une machine de ce genre, et il en a publié un dessin dans les Rapports sur ses cultures. Après lui on a eu celle de Walz, à Hohenheim, et plus tard beaucoup d'autres encore. D'après notre longue expérience, de tous ces appareils le plus satisfaisant, sous le rapport à la fois de la qualité et de la quantité du travail, est celui de la fabrique de machines de Hérisau.*) La graine de la cuscute est en général plus petite que celle du trèfle rouge, de couleur grise, à testa chagriné, aplatie sur un ou sur deux côtés ; l'embryon est filiforme, dépourvu de cotylédons et enroulé en spirale autour d'un albumen charnu. Dans les semences de trèfle rouge contrôlées à la Station fédérale de Zurich, nous avons trouvé les proportions suivantes de graine de cuscute :

1877/78	46.5 %	du total des échantillons examinés.
1878/79	38.9 %	» » » » »
1879/80	39.5 %	» » » » »
1880/81	37.7 %	» » » » »
1881/82	32.9 %	» » » » »

Il faut admettre que ce ne sont que les meilleures qualités de cette semence qui se présentent au contrôle, pendant que malheureusement les sortes inférieures ont soin de s'y soustraire. Mais on voit par ce tableau que, grâce aux nettoyages et au contrôle qui se font de la semence de trèfle rouge vendue en Suisse, la proportion des sortes contenant de la graine de cuscute va diminuant d'année en année.

Des impuretés fréquentes dans cette semence sont, comme nous l'avons remarqué, des graines du plantain lancéolé (*Plantago lanceolata*, L.) et de la patience sauvage (*Rumex obtusifolius*, L.) ; il s'y rencontre, de plus, celles de la petite oseille (*Rumex Acetosella*, L.), de la brunelle commune (*Brunella vulgaris*, L.), des sétaires roussâtre et verte (*Setaria glauca* et *viridis*, P. Beauv.) et de la camomille des champs (*Anthemis arvensis*, L.). Nous n'y avons jamais découvert celles de l'orobanche du trèfle (*Orobanche minor*, Sutt.).

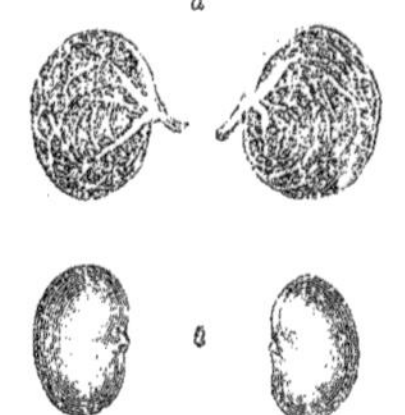

Fig. 34. Minette dorée. *Medicago Lupulina*, L. *a.* gousse avec le calice, grossie 7 fois ; *b.* graine en grand. natur. ; *c.* graine grossie 7 fois.

Comme la semence du trèfle rouge est relativement assez chère, il arrive çà et là, mais jadis plus souvent qu'aujourd'hui, qu'elle est adultérée au moyen de graines de valeur moindre ou nulle. C'est celle de la minette dorée (*Medicago Lupulina*, L.) (fig. 34), dont le prix est de moitié plus bas, qui s'emploie le plus à cet effet. Elle est toute jaune et se distingue surtout de celle du trèfle rouge par une radicule faisant saillie sous forme d'une petite pointe ; ce qui la caractérise encore, c'est une saveur très-amère et une odeur semblable à celle du mélilot bleuâtre, qui sert à parfumer le fromage vert ou *schabzieger* de Glaris.

*) Kleeseide- und Universal-Samenreinigungsmaschine. Schweiz. landwirthsch. Zeitschrift, Aarau, 1882, p. 219.

Il est plus rare de la trouver falsifiée avec nos mélilots sauvages, blanc ou jaunes, notamment avec les *Melilotus alba*, L. et *M. officinalis*, Desr. Leurs graines sont jaunes également, ont aussi une saveur fortement amère et douceâtre, et se reconnaissent surtout et immédiatement à leur agréable odeur de *coumarine*, la même que celle de la flouve odorante et du mélilot bleuâtre. Mais outre la falsification au moyen de ces diverses graines, la semence du trèfle rouge est encore sujette à être sophistiquée avec des éléments inorganiques, soit avec de petites pierres.

C'est le cas surtout de celle de provenance italienne. A S. Angelo, dans la Haute-Italie, il s'exploite un sable dont les grains sont à peu près de la grosseur des semences en question, et qui sont mêlés avec celles-ci, après avoir été colorés les uns en jaune et les autres en brun. Il vient aussi quelquefois de Bohème de la semence frelatée avec de petites pierres, et l'on prétend qu'il y avait autrefois à Hambourg un industriel nommé *Hirschmann* qui produisait avec une substance minérale de la fausse semence de trèfle rouge et qu'il l'offrait aux marchands grainiers pour être mêlée avec la véritable.

Une fraude, qui est plus commune dans le commerce que toutes ces falsifications, consiste à tromper l'acheteur sur la provenance réelle de la semence de trèfle rouge. C'est ainsi qu'il arrive souvent que de la semence *américaine* est vendue comme venant de la Styrie, de l'Allemagne, etc. Comme il a été remarqué plus haut, le trèfle d'Amérique est inférieur en qualité à nos sortes européennes, et par conséquent la graine en est moins chère; aussi y a-t il avantage pour le commerce malhonnête de la substituer aux nôtres. La graine elle-même ne présente rien qui permette de reconnaître sûrement si elle est d'origine américaine ou européenne, mais il devient possible de faire cette distinction par d'autres moyens. La première contient souvent comme impuretés des semences des *Ambrosia artemisiæfolia*, L. (fig. 35) et *A. acanthocarpa*, L., et de leur présence dans une marchandise, jointe aux autres caractères, on peut conclure en toute certitude qu'elle est de provenance transatlantique. Une autre espèce de graine, mais moins caractéristique que les précédentes, qui s'y rencontre aussi, est celle de la forme américaine du grand plantain (*Plantago major*, L., var. *americana*), qui a ceci de particulier qu'elle est ordinairement contournée en hélice. On y trouve souvent encore les graines du *Panicum capillare*, L., mais qui se présentent aussi dans la semence du trèfle rouge du midi de l'Europe, ainsi que de plusieurs espèces de *Digitaria*, etc. Il n'y manque presque jamais non plus celles de la grande patience (*Rumex obtusifolius*, L.), de la renouée-persicaire (*Polygonum Persicaria*, L.), du timothy, etc. Quant à la cuscute et à des ingrédients minéraux, il est rare d'en découvrir dans la semence américaine.

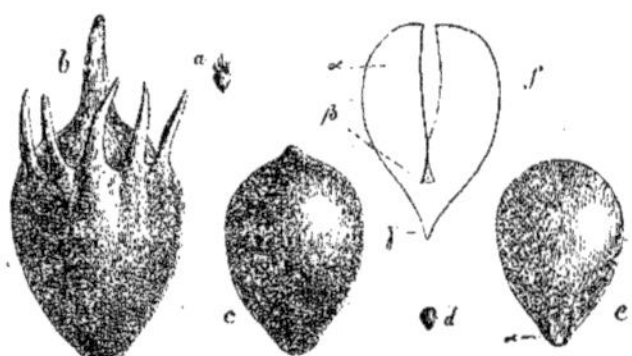

Fig. 35.
Ambrosia artemisiæfolia, L.
a. fruit avec le calice, en grand. natur.; b. les mêmes grossis 7 fois; c. fruit sans le calice; d. et e. graine; f. coupe longitudinale de la graine; α. cotylédon; β. point végétatif; γ. radicule. (D'après Nobbe.)

C'est ainsi que souvent aussi le trèfle rouge d'Italie est vendu comme étant celui de Styrie, etc. La semence du premier se distingue de celle de toute autre provenance par sa couleur jaune clair et la petitesse des grains. Ordinairement elle possède un haut degré de faculté germinative, et elle contient comme fréquente impureté des graines de l'helminthie fausse-vipérine (*Helminthia echioides*, Gærtn.), de petites espèces de sorgho ou de panic, etc.

Le trèfle rouge du midi de la France se reconnaît à la teinte gris-bleu de beaucoup de ses graines et contient comme impuretés ordinaires celles de la verveine (*Verbena officinalis*, L.), de la sétaire verte (*Setaria viridis*, P. Beauv.) ainsi que beaucoup de petites pierres.

Semence et semis. D'après plus de 1500 essais faits à notre Station de contrôle nous avons trouvé, en moyenne, 96,7 % de pureté et 91 % de faculté germinative; pour ce dernier chiffre, on a compté comme capables de germer la moitié des graines restées dures. Une bonne marchandise doit comporter 98 % de graines pures et celles qui peuvent germer doivent y être au moins dans la proportion de 90 %. Il s'entend de soi qu'on exige aussi d'une telle marchandise qu'elle soit nettoyée et ne contienne pas de graines de cuscute. Un kilo de semence consiste ordinairement en 614,000 grains. L'hectolitre pèse en moyenne 80 kil.; mais ce poids est naturellement plus fort si la marchandise contient beaucoup de petites pierres. Dans la semence conservée plusieurs années la faculté germinative diminue assez vite, et, en vieillissant, les grains prennent une couleur fauve, qui devient rouge plus tard. Qualité.

La quantité de semence pour un hectare est en moyenne de 20 kil. ou de 1760 centièmes de kilo, soit par arpent de 8 kilo ou 704 centièmes de kilo. Sur un sol sec, maigre et mal préparé il faut semer plus serré que sur celui qui, étant par sa nature favorable à cette culture, est en outre fertile et bien labouré. Cependant, si le semis est trop dense, le trèfle est sujet à verser très-facilement et, comme alors il pourrit du pied, le champ se dégarnit. Au prix de fr. 1. 60 le kilo, la semence revient donc à fr. 32 pour un hectare ou à fr. 12. 80 par arpent. Quantité.

Le trèfle rouge se sème ordinairement en mars ou avril dans une céréale. Il ne faut pas que cela se fasse plus tard, car alors les plantules seraient dévorées par les altises et parce que la graine a besoin pour germer de beaucoup d'humidité. Si, après qu'on a semé tard, il survient de la sécheresse, les plantules risquent fort de périr. Il est rare que la semaille se fasse en automne. La céréale dans laquelle on sème ce trèfle est ordinairement du blé d'automne, mais quelquefois aussi du blé de printemps. Dans le premier cas, le sol est légèrement hersé avant d'être ensemencé et après on enfouit au rouleau. Dans le second cas on ne sème qu'après le hersage du blé, et la semence est roulée pareillement. Il est très-avantageux d'employer à cela le semoir à trèfle. Si la céréale a poussé dru elle verse facilement: alors le trèfle du pied des chaumes dépérit souvent faute d'air et de lumière, et après la récolte du blé l'on trouve un champ de trèfle où il y a force lacunes. En ce cas il faut, immédiatement après la moisson, ensemencer ces vides d'un peu de trèfle rouge mélangé, de ray-grass d'Italie et de timothy, chacun dans la proportion de 10 % du semis pur. Le meilleur moyen d'établir une belle tréflière c'est de semer dans de l'avoine, qui est coupée en vert. Il est bon aussi de mettre le trèfle dans du lin ou du colza. Semis.

Comme fourrage vert pour l'étable le trèfle rouge est excellent, mais, ainsi que nous l'avons remarqué, il est moins propre à servir comme foin. Cependant, si ce trèfle doit être séché, il vaut mieux l'employer en mélange avec diverses graminées, et en ce cas on a l'avantage encore que le rendement est beaucoup plus sûr et aussi plus fort d'ordinaire que celui du trèfle seul. Là où celui-ci ne réussit pas toujours, un mélange de trèfle et de graminées prospère beaucoup mieux. Mais dans ces mélanges le rôle principal appartient au trèfle: ainsi, pour les champs de trèfle et de graminées, il y entre dans la proportion de 50—90 %, pour les prairies temporaires dans celle de 30 %, tandis que dans les prairies permanentes on en met tout au plus 10 pour cent*).

Assolement.

Assolement et „Répugnance au trèfle.“ On sait que dans l'ancien assolement triennal le trèfle rouge était placé dans la sole de jachère: blé d'automne, blé de printemps, trèfle. Mais bientôt il fut reconnu que le trèfle ne réussissait pas tous les trois ans et qu'il laissait les champs se remplir de mauvaises herbes, au détriment de la récolte de céréale qui lui succédait. C'est pourquoi plus tard on a pris l'habitude de ne mettre le trèfle dans la même sole qu'une seule fois tous les six ans, en lui substituant à l'un des tours une plante sarclée: blé d'automne, blé de printemps, trèfle; blé d'automne, blé de printemps, récolte sarclée. Mais il n'est pas avantageux de lui donner une telle place dans la rotation, car après deux récoltes successives de blé le champ se trouve trop épuisé et trop infesté de mauvaises herbes. Sur la recommandation de *Thaer*, on eut recours alors au système qui était en usage depuis longtemps dans le comté de Norfolk, en Angleterre: récolte sarclée, blé de printemps, trèfle, blé d'automne. Dans cette rotation des cultures le trèfle est semé dans le blé de printemps qui succède à une plante sarclée bien fumée, ce qui lui fait une très bonne place, tandis que le blé d'automne se trouve bien de son côté d'être précédé de lui. Cependant, sur le continent, on ne tarda pas de reconnaître qu'à la longue le trèfle ne réussit plus tous les quatre ans sur la même sole, et delà est venue l'expression de «fatigue du trèfle» ou de «répugnance au trèfle» pour désigner l'état d'un champ dans lequel il ne réussit plus. Dans des terres qui par leur constitution sont peu propres à cette culture, il ne réussit pas même tous les six ans, mais il ne faut l'intercaler dans la rotation que tous les neuf ou douze ans, si l'on veut en avoir un rapport satisfaisant. La fatigue du trèfle se manifeste dans un champ en ce que la plante y périt dans la deuxième année de son développement, sans qu'on puisse imputer le mal à aucune cause extérieure. *Liebig* prétendait qu'il venait de l'épuisement du sous-sol en principes nutritifs minéraux. Cette opinion a dernièrement été contestée par *Linde* **), tandis que plus récemment encore elle a été soutenue de nouveau par *Kutzleb****). Suivant ce dernier chimiste, la répugnance au trèfle est causée essentiellement par la diminution de la potasse dans la terre arable, et en particulier par une insuffisante proportion, dans le sous-sol, de cette substance à l'état soluble. En épuisant, au moyen d'une eau chargée l'acide carbonique, 100,000 parties de terre desséchée à l'air, il y trouva les quantités suivantes de potasse:

		Couche végétale profonde de 1—15 cm.	Sous-sol profond de 30—60 cm.	Sous-sol profond de 60—120 cm.
Champ de Wingendorf *répugnant au trèfle*	A.	1.0924	1.7814	1.2854
	B.	1.0982	1.2217	1.1715
Champ de Braunsdorf *propice au trèfle*		2.2080	4.0305	1.4436

Des recherches ultérieures élucideront sans doute encore d'autres points intéressants du phénomène de la répugnance au trèfle.

L'expérience a prouvé également que souvent le trèfle rouge ne réussit pas lorsqu'il succède à une plante de la même famille, c'est-à-dire après le pois, la fève, la vesce, etc., et certaines autres espèces de trèfle, comme, par exemple, le trèfle incarnat.

Récoltes subséquentes

En revanche, le trèfle rouge est la plante qui convient le plus pour précéder les céréales, qui réussissent d'autant mieux que lui-même a été plus prospère. Pour cette raison, il n'est guère à conseiller de laisser le trèfle occuper la place pendant deux ans, parce que dans la seconde année elle se dégarnit ordinairement plus ou moins, et cela au détriment de la récolte subséquente. Les plantes sarclées, le tabac, le maïs, etc. se trouvent bien également de succéder au trèfle rouge.

---

*) Dr. *F. G. Stebler*: Die Grassamenmischungen. Bern, 1882. S. 78.

**) Sigism. *Linde*: Wurzelparasiten und angebliche Bodenerschöpfung in Bezug auf die Kleemüdigkeit und analoge Krankheitserscheinungen bei ungenügendem Pflanzenwechsel. Inaugural-Dissertation. Leipzig, 1880.

***) Dr Victor *Kutzleb*: Untersuchungen über die Ursache der Kleemüdigkeit. In den Berichten an dem physiolog. Laborat. in der Versuchsanstalt des landw. Institutes der Universität Halle. Herausgegeben von Dr Jul. *Kühn*. IV. Heft. Dresden, 1882.

Plantes et bêtes nuisibles au trèfle. La cuscute (*Cuscuta Trifolii*, Babingt. et Gibs., fig. 36) est l'ennemi le plus terrible du trèfle rouge. L'espace nous manque ici pour donner brièvement les explications nécessaires sur la végétation de cette plante et sur les moyens de s'en défendre ou de s'en délivrer. Mais nous espérons avoir lieu plus tard de publier sur ce sujet une monographie détaillée. C'est ordinairement avec une semence impure de trèfle que la cuscute arrive dans un champ: elle y germe et se développe, pour produire les dévastations bien connues, en s'enroulant par ses tiges autour des plantes de trèfle et s'y fixant avec des suçoirs par lesquelles elle détourne à son profit la sève qui leur serait nécessaire pour continuer de végéter. Les racines que la cuscute avait d'abord s'atrophient bientôt et elle est réduite à tirer toute sa nourriture du trèfle sur lequel elle vit en parasite. On a recommandé différents moyens pour la détruire dès qu'elle se montre dans une culture.*)

Une parasite non moins redoutée que celle-là est l'orobanche du trèfle (*Orobanche minor*, Sutt.). Elle cause souvent un dommage considérable sur le trèfle de la seconde coupe, parce que de ses racines elle se fixe sur les siennes, et en pompant le suc nourricier qui lui était destiné elle amène sa mort. Nous nous proposons d'écrire également une description complète de cet ennemi du trèfle. On prétend avoir pu en arrêter le développement en coupant le trèfle de bonne heure et en saupoudrant ensuite le champ avec du superphosphate d'os, etc. En tout cas il ne faut jamais lui laisser mûrir sa graine, et avoir soin de semer dans un champ qui a été infesté de cette orobanche du trèfle non point pur mais en mélange avec des graminées.

Le trèfle rouge est aussi attaqué d'un champignon parasite nommé *Peziza ciborioides*, Fries, qui, selon *Rehm***), cause quelquefois du dommage dans certains districts de l'Allemagne du Nord. Il est sujet encore à d'autres maladies provoquées par des champignons.

Quant au règne animal, il produit un ennemi du trèfle rouge sous forme d'une espèce de vibrion ou de ver microscopique, (*Anguillula devastatrix*, Jul. Kühn), qui détermine dans la plante une pourriture de la souche.

Fig. 35.

Cuscute, Teignasse ou Cheveux-du-diable. *Cuscuta Trifolii*, Bab. et Gibs. Plante parasite sur le trèfle rouge. Graines, plantules et fleurs, grossies 7 fois. (D'après Nobbe).

*) Dr *Louis Koch*: Die Klee- und Flachsseide. Heidelberg, 1880.

**) Journal für Landwirthschaft, 1872.

Explication de la planche 12.

(Figure A en grandeur naturelle; figures 1—9 grossies 6 fois).

Figure A. Partie supérieure d'une plante en fleurs.
» 1. Fleur entière vue de côté.
» 2. Coupe longitudinale de la fleur.
» 3. Fleur vue de dessous ou de devant.
» 4. Fleur vue de dessus, après ablation de l'étendard.
» 5. Aile: *s.* onglet, *f.* appendice.
Figure 6. Pistil.
» 7. Fruit: *o.* moitié supérieure à coque mince, *u.* moitié inférieure à paroi mince et ridée.
» 8. Graine vue sur la face élargie.
» 9. Graine vue sur le côté rétréci, où se trouve le hile.

XIII. Le Trèfle hybride.

Trifolium hybridum, L.

Famille des Légumineuses.

Dénomination. Le Trèfle *hybride* ou *bâtard* a été nommé ainsi par Linné parce qu'il le regardait comme le produit du croisement du trèfle rouge et du trèfle blanc. Il est connu vulgairement sous le nom de Trèfle de Suède ou d'Alsike, parce que c'est dans ce pays et notamment aux environs du village d'Alsike, près d'Upsal, que la culture paraît en avoir commencé ou du moins s'être fait sur une grande échelle, pour se répandre de là dans d'autres contrées de l'Europe. On l'appelle aussi *Trèfle à miel* parce que la fleur en est très recherchée des abeilles, et *Trèfle des marais* parce qu'il peut être cultivé dans les terres les plus humides.

Histoire. La culture en a été recommandée déjà par Linné, mais on ignore à quelle époque elle a commencé. D'après *Whistling**), ce trèfle fut cultivé en France dès la fin du siècle passé. En 1834, il fut importé par George *Stephens* en Angleterre, au moyen de semence tirée de la Suède, où il était cultivé depuis longtemps. Dans les premières années de ce siècle on apprit à le connaître dans l'Allemagne du Nord; mais ce n'est que de 1840 à 1845 environ que la culture en fut essayée beaucoup, notamment dans le royaume de Saxe. Elle se répandit lentement dans les pays situés plus au sud, et c'est seulement dans ces dix dernières années que ce trèfle devint en Suisse d'un emploi général. En 1875, il n'était pas encore mentionné par R. *Häni*, ce qui prouve qu'alors la culture en était encore insignifiante chez nous. Mais depuis peu de temps elle a fait de grands progrès, grâce aux excellentes qualités qu'on reconnut enfin à ce fourrage.

Valeur agricole. Le trèfle hybride se distingue du trèfle rouge par une durée plus longue. Il s'exploite, en moyenne, pendant trois ans; mais on l'a vu rester d'un bon rapport pendant cinq ans; et dans les prés où il est en mélange avec d'autres plantes fourragères il dure encore plus longtemps. Il est très résistant à ce qu'il peut y avoir d'excessif dans les influences atmosphériques, et peut être cultivé même sur des sols où d'autres espèces de trèfle ne réussissent plus, en y donnant abondamment un produit d'une composition chimique telle que ce fourrage est de première qualité.

Description botanique. Tige principale, ascendante, haute de 30—90 centim., fistuleuse, glabre, ordinairement ramifiée et portant à l'aisselle des feuilles des capitules de fleurs (sans capitule terminal). Feuilles à folioles glabres, elliptiques, elliptiques-ovales, elliptiques-obovales ou elliptiques-rhomboïdales (Döll), denticulées,

*) Voyez *Werner*, ouvr. cité, p. 18.

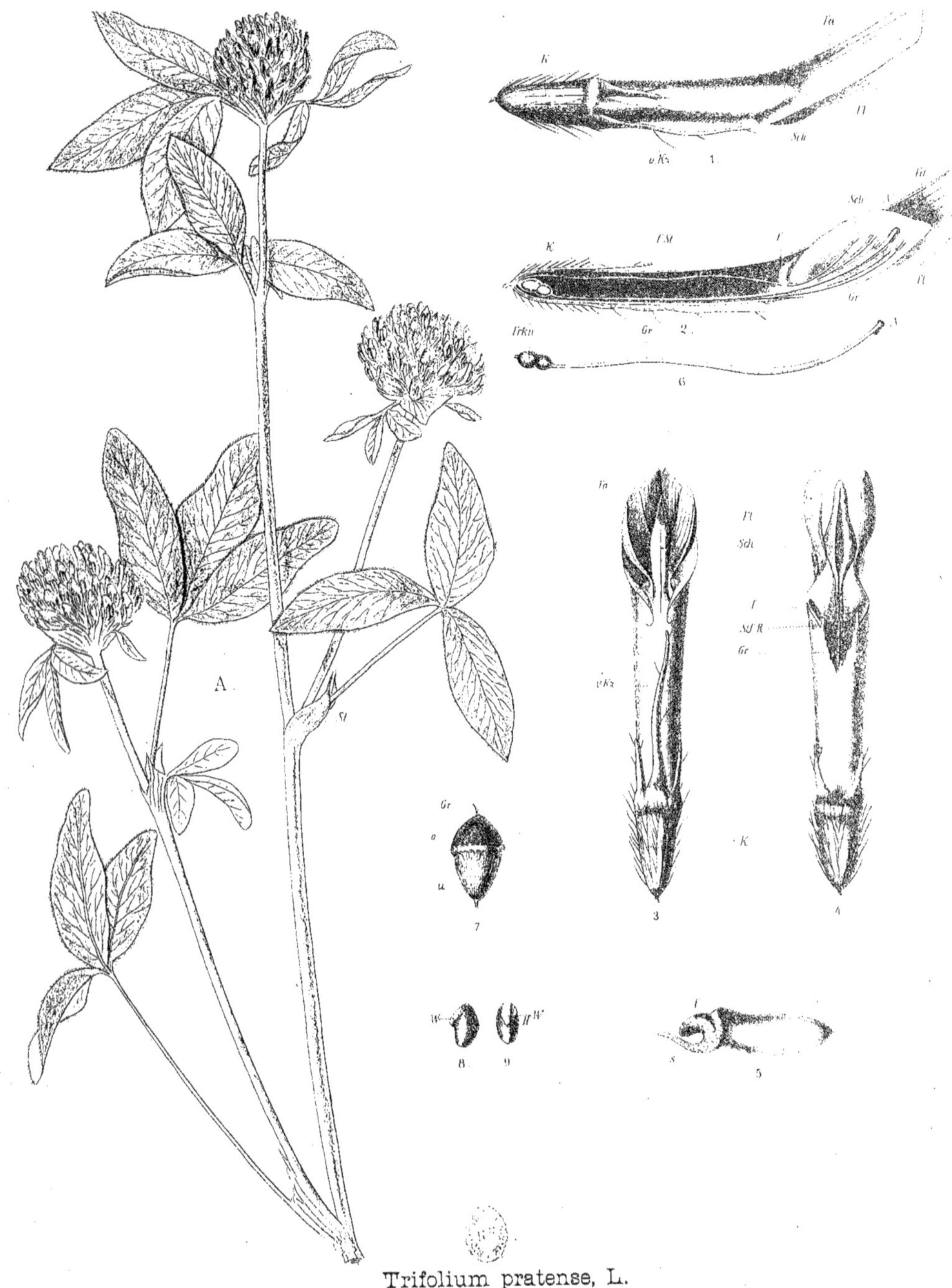

Trifolium pratense, L.

Rothklee -- Trèfle rouge.

C. & L. Schröter ad. nat. del.

Lith. Genossenschaft Zürich.

obtuses. Stipules herbacées, longuement atténuées en pointe. Capitules portés sur un pédoncule plus long que la feuille et sans involucre, globuleux, à fleurs très nombreuses, dont les pédicelles, de 2 à 3 fois aussi longs que le tube du calice se réfléchissent après l'anthèse. Calice glabre, à tube court, à 10 nervures, du tiers ou du quart de longueur de la corolle, à 5 dents linéaires-lancéolées, de longueur à peu près *égale*. Corolle d'abord blanche, puis devenant rosée, de sorte que le capitule paraît blanc en dedans et rose en dehors. Pétales *libres* entre eux. La base de l'étendard, par ses bords rapprochés mais non soudés, forme un tube qui embrasse le bas des ailes et de la carène, pendant que sa partie supérieure est redressée et étalée; avant et après l'anthèse il est plié sur sa ligne médiane. Ailes insérées sur le réceptacle par des onglets longs et étroits, à moitié antérieure élargie brusquement et portant un appendice dirigé en arrière (fig. 3 *f*). Pétales inférieurs (carène) à onglets libres, longs et étroits, et soudés seulement dans leur moitié antérieure (fig. 4). Ailes et carène adhérant entre elles sur un point situé en avant de l'appendice des ailes. Etamine libre recouvrant la fente du tube formé par la soudure des filets des neuf autres étamines (fig. 5 *f. St.*) et ne laissant que des deux côtés de sa base un passage ouvert pour les insectes en quête de nectar (fig. 5). Pistil à ovaire allongé, avec 2—3 ovules (fig. 6), à stigmate dépassant un peu les anthères (fig. 5).

La structure de la fleur, étant identique, dans ses traits essentiels, avec celle du trèfle blanc, il est permis d'admettre que les insectes visitants se comportent de la même manière envers les fleurs des deux espèces, quoique la première n'ait pas encore été l'objet d'observations à cet égard. (Voyez la monographie du Trèfle blanc.)

Calice et corolle persistant à la maturité, celle-ci devenant brune et scarieuse, avec l'étendard étroitement plié en deux moitiés longitudinales. Gousse dépassant le calice, 1—3 sperme, aplatie, à parois minces, terminée par le stigmate recourbé et persistant. Graines petites, un peu aplaties; radicule faisant saillie sur l'un des bords et en occupant environ les deux tiers de la longueur (fig. 8). Vue par le côté plat et abstraction faite de la radicule, la graine est de figure elliptique, mais très-atténuée en haut et en bas. La radicule apparaît comme un bourrelet marginal coupé net inférieurement, et au-dessous d'elle se voit le hile circulaire (fig. 9). Suivant le degré de maturité la couleur des graines varie du vert-jaunâtre au vert-olivâtre foncé, et souvent elles sont marbrées.

On ne connait point de variétés du trèfle hybride. Variétés.

Habitat, climat, sol, engrais. Cette espèce est indigène en *Europe*: dans la France centrale (rare), l'Allemagne, la Suisse, le Nord de l'Italie, l'Autriche, la Hongrie, la Croatie, la Serbie, la Bosnie, la Transylvanie, la Thrace, la Russie centrale et méridionale, la Scandinavie (excepté dans le Nord de la Norvège) et dans la Lapponie; en *Afrique*: dans l'Algérie; en *Asie*: dans le Caucase et la Sibérie. Elle manque à l'Amérique du Nord. Distribution géographique.

A l'état sauvage le trèfle hybride se rencontre çà et là dans les lieux humides, prairies ou pâturages, sur les rives herbeuses des cours d'eau, etc. Il monte assez haut dans les Alpes. Ainsi, nous l'avons trouvé au Gurnigel, à 1200 m., mais échappé certainement de cultures; dans les Grisons, le Dr Brügger l'a rencontré près de Malix à 1180 m. (importé), et entre Sils et Maloja. Dans les Alpes bavaroises, il s'élève jusqu'à 800 m. et à 1000 m. dans le Caucase. Stations. Limites d'altitude.

Le trèfle hybride, pour avoir été cultivé longtemps et beaucoup dans tous les pays du Nord de l'Europe, a acquis un tempérament qui le rend très-propre à s'accommoder des influences atmosphériques. C'est surtout au froid qu'il résiste le mieux. Il est rarement déchaussé pendant l'hiver, et il souffre aussi fort peu des gelées tardives. Un temps humide, loin de lui nuire, lui est au contraire très avantageux. C'est pourquoi c'est une plante fourragère d'une grande valeur pour les contrées montagneuses à climat rigoureux, et là on en obtient partout un produit satisfaisant. Il est moins propre à endurer une longue sècheresse, parce que sa souche est relativement peu profonde, et, bien que ne périssant pas dans cette circonstance, il n'est plus que d'un rapport très-médiocre. Climat.

La nature des stations où le trèfle hybride croît spontanément nous enseigne que la culture en réussira le mieux sur des terres franches ou des glaises fraîches ou même humides. Il peut même être cultivé dans l'argile la plus forte et à sous-sol imperméable, ainsi que dans les terres si mouillées que d'autres espèces de trèfle n'y peuvent végéter, et dans les terrains tourbeux, pourvu toutefois qu'ils ne retiennent pas trop d'eau, et enfin, dans ceux qui sont ocreux ou riches en éléments ferrugineux. D'après le comte de *Lippe-Weissenfeld** « il prospère bien dans les terres légères qui sont fertiles et contiennent de la marne calcaire ». Cependant ce sont les sols légers et secs qui lui conviennent le moins, quoique dans le Nord de l'Allemagne il y soit semé souvent pour servir de pâture. Il est vrai qu'alors le rendement est maigre aussi. Dans la Saxe, selon *Pinkert***, il a été cultivé même dans les sables granitiques les plus pauvres.

Epuisement du sol.

1000 ℔ de trèfle hybride tirent du sol :

Azote . . .	℔ 24,16	Magnésie . . .	℔ 5,1
Acide phosphorique	» 4,4	Chaux . . .	» 13,8
Potasse . . .	» 11,3	Silice . . .	» 1,7
Soude . . .	» 1,2	Acide sulfurique .	» 1,7

Engrais.

Comme le trèfle hybride s'enracine à peu de profondeur, il lui faut une couche arable riche en matière fertilisante. C'est pourquoi il convient que l'engrais soit donné pour la récolte qui le précède. Il peut enfin être cultivé dans un terrain « fatigué du trèfle », s'il est bien fumé et en bonne condition physique. On peut le faire succéder à lui même plus vite qu'on ne le fait pour le trèfle rouge, car jusqu'à présent on n'a pas observé pour lui le phénomène de la « répugnance au trèfle ». C'est aussi la seule espèce de trèfle qui supporte l'irrigation.

Végétation.

Végétation, rendement, valeur fourragère. Les tiges du trèfle hybride ne sont ordinairement pas dressées dès la base mais ascendantes, c'est-à-dire qu'elles sont coudées inférieurement et couchées sur le sol, mais sans être rampantes, et qu'ensuite elles se redressent peu à peu. Il en résulte que, si la plante est en semis pur, elle verse facilement, puis pourrit par le bas, et cela arrive surtout dans les terrains très humides et d'autant plus que les tiges sont plus nombreuses et serrées. Toute la plante est généralement plus feuillue que le trèfle rouge. En étant semée dans une céréale, il n'est pas rare qu'elle fleurisse en partie déjà dans l'automne.

Développement.

Mais, au printemps, le trèfle hybride se développe plus tard que le rouge et ne fleurit qu'aux environs de la St-Jean, soit entre la première et la deuxième coupe de celui-ci. Même après la fleur, sa verdure se conserve encore très longtemps. Si la première coupe en a été faite pendant la floraison, la seconde n'arrive plus à un parfait développement.

Récolte.

C'est à la fleur qu'il présente la plus forte proportion d'éléments nutritifs, et il convient donc de faire la récolte à ce moment-là. Il se consomme soit vert soit sec, mais il est moins facile d'en faire du foin que du trèfle rouge, parce qu'il contient un peu plus d'eau que celui-ci. Pendant le fanage il faut veiller encore avec plus de soin que chez le trèfle rouge à ce qu'il ne se perde que le moins possible de feuilles, car elles sont beaucoup plus riches que les tiges en substances nutritives de la meilleure qualité. A l'époque de la floraison, les feuilles représentent environ 20 % du poids total de la plante. Elles

*) *Armin Graf zur Lippe-Weissenfeld* : Für die Praxis. Leipzig, 1879.

**) *F. A. Pinkert*: Anleitung zur Cultur und Benutzung des Bastardklee's, der Sandluzerne und Esparsette als bodenbereichernde Futterkräuter. Berlin, 1860.

contiennent alors, d'après Ritthausen, $8_{,0}$% d'albumine pendant que les tiges n'en ont que $1_{,93}$%. Le même agronome a calculé que dans une récolte verte de 480 quintaux (par hectare) de trèfle hybride, il y a 1636 ℔ d'albumine, dont 872 dans les feuilles et 784 dans les tiges. En laissant tomber les feuilles, on perdrait donc la moitié de l'albumine. Mais comme celle des feuilles est d'une digestibilité plus grande que celle des tiges, la perte réelle serait encore bien plus considérable.

Rendement.

La première coupe, comme nous l'avons remarqué, est bien plus productive que la seconde. Il résulte d'expériences très nombreuses que la dernière ne rapporte qu'environ la moitié de la grande quantité de fourrage obtenu de la première. Selon *Pinkert*, celle-ci a donné en Saxe de 90 à 110 et jusqu'à 130 quintaux par hectare. *Schober* estime à 70 quintaux par hectare le produit de la première coupe, et d'après *Werner* le total des deux est de 80 à 100 quintaux. A la première coupe les plantes sont d'une grande hauteur, qui souvent est de cinq pieds. — Le trèfle hybride se prête fort bien à être pâturé, car il repousse promptement après avoir été brouté par le bétail. Aussi, dans les pays du Nord, fait-il partie généralement des mélanges pour pâture.

Valeur fourragère.

Il n'est pas mangé des bêtes au pâturage aussi volontiers que le trèfle blanc, et cela probablement à cause de sa saveur un peu amère. L'analyse chimique démontre que ce trèfle est d'une valeur fourragère considérable, et qui ne le cède pas à celle du trèfle blanc. Voici, d'après Wolff, quels en sont les éléments :

	Eau	Matière organique	Albumine	Fibre ligneuse	Substances extractives non azotées	Graisse
Trèfle vert	%	%	%	%	%	%
au début de la floraison	$85_{,0}$	$13_{,5}$	$3_{,3}$	$4_{,5}$	$5_{,1}$	$0_{,6}$
partie assimilable			$2_{,1}$	$5_{,8}$		$0_{,4}$
(Proportion de la substance nutritive : 1 : $3_{,2}$)						
en pleine floraison	$82_{,0}$	$16_{,2}$	$3_{,8}$	$6_{,0}$	$6_{,3}$	$0_{,6}$
partie assimilable			$1_{,8}$	$6_{,0}$		$0_{,3}$
(Proportion de la substance nutritive : 1 : $4_{,3}$)						
Trèfle sec	$14_{,0}$	$79_{,8}$	$15_{,4}$	$27_{,0}$	$33_{,4}$	$3_{,1}$
partie assimilable			$8_{,6}$	$35_{,6}$		$1_{,9}$
(Proportion de la substance nutritive : 1 : $4_{,6}$)						

Récolte.

Récolte, impuretés et falsifications de la semence. Il est assez lucratif de s'occuper de produire de la semence de trèfle hybride, qui nous vient de l'Allemagne moyenne et septentrionale et surtout de la Suède. Les terrains humides ne conviennent guère pour cela, et la récolte est plus sûre dans ceux qui sont plutôt secs et où le trèfle, n'étant pas en masse trop dense, n'est pas exposé à la verse. La graine doit être prise de la première coupe, parce que les plantes de la seconde n'arrivent plus à maturité. Celle-ci ne peut servir à cet usage que lorsque la première a été faite de bonne heure, soit dans la deuxième quinzaine de mai, et alors la semence qu'il s'agit d'avoir a encore le temps de mûrir. Il faut user de bien des précautions dans cette récolte, sans quoi il tombe et se perd beaucoup de graines. La maturité est à point lorsque, de même que chez le trèfle rouge, les capitules ont pris une teinte brune et que les graines sont devenues d'une dureté comparable à celle du fromage à pâte ferme. Quant à la dessiccation, elle doit se faire avec les plus grands soins. Il est bon de séparer par un battage immédiat les fleurs du foin et, après cela, de laisser celui-ci sécher tout-à-fait. Les graines tombent facilement, et, en battant les fleurs, il n'est rien moins que difficile de les délivrer de leur gousse. Mais il importe d'abord de les mettre à même de devenir bien sèches, afin de ne pas les écraser au battage. Une dessiccation insuffisante est cause que, dans la semence commerciale de trèfle hybride, les graines aplaties de cette façon se trouvent souvent dans la proportion de 10 % et davantage.

Rendement. La gousse renferme 1—3 graines, mais comme elles sont très petites, le rendement est moins fort que celui du trèfle rouge. *Werner* l'estime à 3—6 quint. par hectare, et *Schober* à 9 quintaux. Dans la Saxe on a obtenu de 6 à 7 quintaux.

Impuretés. Les impuretés de cette semence sont les mêmes que celles du trèfle rouge, et c'est notamment la cuscute (*Cuscuta Trifolii*, Babingt. et Gibs.) qui s'y trouve très souvent aussi. De 48 sortes examinées à notre Station de contrôle, dans l'exercice de 1881 à 1882, la moitié contenait des graines de cuscute, et elles étaient en moyenne au nombre de 13,003 par kilo de semence de trèfle hybride, et dans un cas même il y en avait 180,000. Comme elles sont à peu près de même grosseur que celles de ce trèfle, il est impossible aux nettoyages de les expulser complètement. Celui qui se fait avec le tamis à trous de ³/₄ de millimètre opère, il est vrai, le départ des plus petites, mais les grandes ne peuvent être éloignées ainsi. En outre, l'on y remarque fréquemment les graines de la petite oseille (*Rumex Acetosella*, L.), du plantain lancéolé (*Plantago lanceolata*, L.), et, en moindre quantité, celles de la brunelle commune (*Brunella vulgaris*, L.), de la fausse camomille (*Anthemis arvensis*, L.), du mouron blanc (*Stellaria media*, Vill.), du céraiste commun (*Cerastium triviale*, Link), du behen blanc (*Silene inflata*, Sm.) etc. Souvent la proportion de toute cette graine de mauvaises herbes est de 5 % ou davantage et alors la marchandise doit être rejetée absolument. C'est surtout le plantain lancéolé qui peut devenir très nuisible dans un semis de trèfle hybride. Notons encore qu'il n'est pas rare d'avoir dans cette semence des graines de trèfle blanc (*Trifolium repens*, L.) et de minette dorée (*Medicago Lupulina*, L.).

Falsifications. Il arrive quelquefois que de la semence qui, en vieillissant, a pris une fausse couleur, est teinte en vert afin d'avoir l'apparence d'être fraîche. En la frottant avec un linge blanc, celui-ci se charge de la matière colorante, et c'est donc là un moyen facile de découvrir la tromperie. Il est vrai que la semence du trèfle hybride, quand elle est toute fraîche, déteint aussi légèrement en vert, mais il faut pour cela la froisser fort, parce que son pigment naturel est contenu dans le testa de la graine. Jadis il n'était pas rare de trouver dans cette semence des grains de sable colorés en vert, mais il ne s'en rencontre plus aujourd'hui.

Qualité. **Semence et semis.** La moyenne de plus de 100 essais faits à notre Station de contrôle nous a donné 95 % de pureté et 72 % de faculté germinative. Mais dans une bonne marchandise la première de ces qualités doit être de 97 % et la seconde de 75 %, c'est-à-dire qu'elle doit avoir 73 % de graines pures et capables de germer. Il est bien entendu qu'elle doit aussi ne point contenir de graines de cuscute. Un kilo de semence pure consiste en moyenne en 1,556,000 graines, ce qui fait que 1000 graines

Quantité. pèsent 64 centigrammes. L'hectolitre pèse ordinairement de 75 à 80 kilos. Par hectare il se met 14 kilos d'une semence à 73 %, soit 1022 centièmes de kilo. Le prix moyen du kilo étant de frs. 2. 20, la dépense n'est que de frs. 30. 80 par hectare, ou de frs. 11 par arpent.

Mélanges. Pour la production fourragère il ne convient guère d'avoir le trèfle hybride en semis pur, car, en mélange avec d'autres plantes, il est d'un rapport plus considérable

Trifolium hybridum, L.

Bastardklee – Trêfle bâtard.

C. & L. Schröter ad. nat. del.

Lith. Genossenschaft Zürich.

et donne un fourrage de meilleure qualité. On peut le semer en mélange avec le trèfle rouge pour remplacer un semis pur de cette dernière espèce de trèfle. Mais il est plus avantageux d'ajouter au mélange une graminée, et, par exemple, de mettre 50 % de trèfle rouge, 25 % de trèfle hybride et 25 % de timothy. Celui-ci et le trèfle hybride sont deux espèces fourragères très propres à être cultivées dans les terres fortes et humides, et de toutes les plantes de cette catégorie ce sont eux qui donnent le foin le plus lourd. Les graminées qui, après le timothy, se prêtent le mieux à être mélangées avec le trèfle hybride sont d'abord le dactyle aggloméré et le ray-grass anglais, puis le fromental et le ray-grass d'Italie. Dans de tels mélanges ce trèfle, pas plus que le trèfle blanc, n'est incommodé par le gazonnement des graminées : il s'en trouve très bien au contraire, et étant soutenu par elles il est moins exposé à la verse. Pour ce qui du reste en concerne la culture, nous renvoyons à ce qui est dit à ce sujet pour le trèfle rouge et dans la Partie générale de cet ouvrage.

Une espèce très-voisine du Trèfle hybride est celle qui s'appelle Trèfle élégant (*Trifolium elegans*, Savi). Celui-ci se distingue du premier par une tige solide ou non fistuleuse et pubescente supérieurement, par des feuilles qui sont en partie dentelées doublement, à dents très inégales et plus aiguës. Toute la plante est plus petite que le trèfle hybride, et les capitules sont plus arrondis, d'une jolie apparence, avec des fleurs d'un rouge plus vif. Quant au reste il ne diffère pas du trèfle hybride, et ses semences sont de mêmes forme, volume et teinte que celles de ce dernier. *W. Löbe* rapporte que dans le Brabant méridional le trèfle élégant se rencontre parmi le trèfle hybride, et cause des maladies fréquentes. *Werner* croit aussi que des phénomènes morbides observés ailleurs chez des bêtes nourries de trèfle hybride doivent être attribués à ce que le fourrage contenait du trèfle élégant. « L'affourragement au moyen de trèfle hybride en fleur, dit-il, a causé dans la Prusse orientale, en 1871, une indisposition particulière chez des chevaux qui en avaient été nourris pendant une dizaine de jours. Elle consistait en une enflure et une excoriation de la muqueuse des parties internes de la bouche, comme dans la surlangue; mais un changement de fourrage la fit disparaître en peu de temps. On a remarqué de plus que chez les chevaux ayant des signes tels que les pieds blancs ou une tache blanche soit à la bouche soit au front, les parties du corps qui en sont marqués étaient légèrement enflées et recouvertes de larges escarres produites par l'exsudation d'une humeur albuminoïde. Il en résultait, que les animaux étaient incapables de travailler pendant assez longtemps, mais cette maladie épargnait les chevaux exempts des signes en question. On peut regretter qu'il n'ait pas été fait à cet égard des expériences sur les bêtes à cornes. » Trèfle élégant.

Explication de la planche 13.

(Figure A en grandeur naturelle, les fig. 1—9 grossies 6 fois.)

Fig. A. Partie supérieure d'une plante en fleurs.
» 1. Fleur vue latéralement.
» 2. Calice seul.
» 3. Fleur sans le calice et l'étendard.
» 4. La même dépouillée encore des ailes.
» 5. Organes de la reproduction.
Fig. 6. Pistil.
» 7. Gousse.
» 8. Graine vue du côté élargi.
» 9. Graine vue du côté étréci, présentant le hile.

XIV. Le Trèfle blanc.

Trifolium repens, L.

Famille des Légumineuses.

Dénomination. Les botanistes donnent au trèfle blanc des agronomes le nom plus juste de *Trèfle rampant*. Vulgairement il est connu sous ceux encore de Triolet ou Trifollet, de Traufle, de Tranelle, de Trionelle blanche, etc.

Histoire. C'est dans les Pays-bas que la culture de cette plante fourragère est la plus ancienne, et pour cette raison le trèfle blanc est souvent aussi désigné sous le nom de *Trèfle de Hollande*. De là, comme celle du trèfle rouge, la culture s'en répandit dans la vallée du Rhin, et de Mayence elle passa dans l'intérieur de l'Allemagne. *Langethal* rapporte qu'il est prouvé par des documents historiques que déjà antérieurement à 1759 les agriculteurs du Holstein tiraient de Mayence de la semence du trèfle blanc pour améliorer avec lui leurs pâtures. En Angleterre on s'est mis à le cultiver au commencement du siècle passé; mais en Suisse son introduction est de date assez récente, parce que chez nous il y avait moins besoin de recourir à un ensemencement artificiel des prés à pâturer.

Valeur agricole. Ce trèfle est une espèce fourragère indispensable pour les pâtures établies dans les terres basses. Il dure trois ou quatre ans et même davantage dans les sols qu'il préfère, et il l'emporte sur le trèfle rouge en ce qu'il se contente de terrains de qualité moindre et supporte très bien le broutage ainsi que les engrais liquides. Cependant il ne produit pas autant que celui-là, mais, en revanche, il est plus riche en substances nutritives et météorise moins le bétail qui le broute. Il constitue l'herbe basse des prés à pâturer, mais souvent il y est d'une luxuriance excessive et, en étouffant les autres plantes fourragères par ses tiges rampantes et son feuillage touffu, il peut devenir assez nuisible et presqu'une mauvaise herbe. Il peut aussi, mais en proportion moindre, servir d'herbe basse pour les prés à faucher.

Description botanique. **Description botanique.** Tige principale couchée et radicante aux nœuds, pleine, glabre, ramifiée, garnie d'un petit nombre de feuilles longuement pétiolées, de l'aisselle desquelles partent les capitules portés sur des pédoncules plus longs que les pétioles (fig. *A.*, pédoncules raccourcis, pour gagner de la place). Folioles des feuilles obovales ou orbiculaires, denticulées; stipules scarieuses, brusquement cuspidées. Capitules globuleux, solitaires, sans feuilles florales à leur base; pédicelles réfléchis à mesure que la floraison passe, de sorte que le capitule fleurissant consiste en deux parties bien distinctes: une inférieure formée des pédicelles réfléchis et une supérieure composée de fleurs dressées, épanouies ou encore en bouton. Calice glabre, à 10 nervures, égalant environ la moitié de la longueur de la corolle, à 5 divisions lancéolées, les 2 supérieures un peu plus longues (fig. 1, 2, *K.*). Corolle blanche ou rosée, ayant un léger parfum. Pétales soudés en petite partie seulement. Etendard (fig. 1, 2, 3, *Fa.*) à onglet élargi et embrassant à moitié les autres pétales, à partie antérieure peu redressée et pliée sur la nervure médiane. Les ailes (fig. 1—4, *Fl.*) ainsi que la carène (fig. 4, 5, *Sch.*) sont soudées avec le tube des étamines (fig. 6 *Stf. R.*) par leurs onglets de telle façon que ceux-ci n'en dépassent l'extrémité antérieure que par un petit bout libre, qui porte le limbe de ces pétales. Les ailes émettent de la base du limbe un appendice vésiculeux dirigé en arrière et qui s'applique sur le tube des étamines (fig. 4, *f.*). La carène et les ailes, outre leur soudure avec le tube des étamines au moyen des onglets, sont aussi adhérentes entre elles par un point de leur limbe. Partie libre des étamines enfermée dans la carène, qui est ouverte en dessus (fig. 5. 6.). Ovaire allongé (fig. 7, *Frkn.*) 3—4 spermes: style recourbé en dedans, à stigmate dépassant un peu les anthères.

Il a été prouvé par des expériences que dans le trèfle blanc il ne peut y avoir fécondation *complète* sans le concours d'insectes butinants. Darwin a obtenu de dix capitules qui étaient visités par des abeilles dix fois autant de graines que d'un nombre égal de ces inflorescences qui étaient protégées par une gaze. Une autre fois, en expérimentant sur vingt capitules recouverts et vingt autres où les insectes avaient libre accès, il a eu des premiers une seule et mauvaise graine et des seconds 2290 graines. Il résulte de ces observations que, dans une mesure *très restreinte*, le trèfle blanc peut bien se féconder *lui-même*, mais que certainement les semences sont dues, en fort grande majorité, à la pollinisation du stigmate par des insectes. Cependant la fleur, par les rapports de sa structure avec ce dernier mode de fécondation, diffère en plusieurs points de celle du trèfle rouge. Ainsi les pétales ne sont pas soudés en un long tube, et le tube du calice, qui empêche que la corolle ne soit trop distendue par les insectes qui la visitent, n'a que 3 millim. de longueur: aussi des insectes à trompe courte, comme les abeilles, peuvent-ils butiner le nectar de cette fleur. Ce liquide sucré, qui est sécrété par le fond du tube des étamines, ne peut être atteint que par le moyen d'une petite fente qui se trouve des deux côtés de la base du filet de l'étamine libre. La visite d'un insecte produit ici les mêmes phénomènes que dans la fleur du trèfle rouge. Son poids fait fléchir les ailes ainsi que la carène, qui tient à elles, et il en résulte la saillie en dehors du stigmate et des anthères et puis à la fois l'imprégnation du premier par du pollen apporté d'une autre fleur et le dépôt sur la partie inférieure de la tête de l'insecte de nouveau pollen, soit de celui de la fleur à laquelle il s'est attaqué; mais, après son départ, les pétales reviennent à la position réciproque qu'ils avaient auparavant.

Le fruit du trèfle blanc (fig. 8.) est une gousse à 3—4 graines, aplatie, à parois minces, surmontée du stigmate persistant et dépassant beaucoup le calice. La graine est semblable à celle du trèfle hybride, sauf qu'elle est d'une couleur variant du jaune soufre à l'orangé et que la radicule occupe presque toute la longueur d'un des côtés étrécis (fig. 9, 10).

Variétés.

Alefeld a distingué dans le trèfle blanc deux formes: la sauvage, *Trifolium repens*, var. *sylvestre*, et la cultivée, *T. r.* var. *cultum*. Botaniquement il ne se voit en elles aucune différence. La seconde devient deux fois aussi haute que la première. Il nous a été assuré par le gérant du *Comicio agrario* de Milan que, dans la Haute-Italie, l'on a observé que le trèfle sauvage de cette contrée-là est de durée plus longue et moins sensible aux intempéries que la variété cultivée importée de pays du Nord; ce qui est un phénomène pareil à celui que nous avons constaté à propos du trèfle rouge sauvage.

Distribution géographique.

Habitat, climat, sol, engrais. Le trèfle blanc est une plante répandue dans toute l'*Europe*, du Portugal jusqu'à l'Oural, et de l'Italie et de la Grèce jusque dans la Lapponie; en *Asie*, il se trouve dans toute la Sibérie, au Caucase, dans la Géorgie et sur les bords de la mer Caspienne; en *Afrique*, il habite les îles Açores et de Madère, les pays du littoral de la Méditerranée ainsi que le Cap de Bonne Espérance. Il est très commun aussi dans l'*Amérique du Nord*, mais on ne sait s'il y est indigène ou naturalisé.

Stations.

Il croît spontanément dans toutes les bonnes prairies et sa fréquence est un sûr indice de la bonne qualité d'une terre végétale. On le voit souvent au bord des chemins en compagnie de l'ivraie vivace ou ray-grass anglais. C'est une des espèces principales des pâturages gras de l'Allemagne du Nord.

Limites d'altitude.

Ce trèfle s'élève à une grande hauteur dans les Alpes. Il a été trouvé par *Brügger* à environ 1900 m., au point culminant de la route du Bernhardin, et par *Herm. Müller* (de Lippstadt) entre 2,300 et 2,600 m., sur le Schafberg, près de Pontresina; dans les Alpes bavaroises il se rencontre jusqu'à 1,700 mètres.

Climat.

Le trèfle blanc est loin d'être aussi sensible que le trèfle rouge aux influences atmosphériques. Quoique ses racines fibreuses ne s'étendent guère que dans la couche arable, il n'en supporte pas moins très bien la sécheresse, parce que la racine principale ou celle de la tige-mère pénètre davantage que les autres et fournit la plante d'eau puisée dans la profondeur. Dans le temps de sécheresse, c'est la tige-mère qui se développe presque seule, et les pousses latérales et rampantes qui s'en détachent restent courtes et n'ont que peu de feuilles. Les années pluvieuses lui sont propices et il est d'un rendement plus considérable dans les contrées humides et chaudes que dans celles qui sont sèches et froides.

Le trèfle blanc réussit le mieux dans une terre fraîche, ameublie par du terreau et contenant une certaine dose de calcaire. Un sol très compact oppose à la pénétration des racines une résistance trop forte, mais il ne laisse pas de végéter assez bien s'il y trouve assez d'humidité. Il s'accommode même d'un terrain sablonneux, à condition que celui-ci ne soit pas trop meuble et trop sec et que la couche arable soit en bon état de fumure. Il est à même de supporter dans le sol beaucoup d'humidité, mais il périt en s'y trouvant dans de l'eau dont l'écoulement est entravé. C'est pourquoi il peut encore être cultivé dans des terres marécageuses de bonne qualité ou dans une terre tourbeuse qui a été drainée. Les éléments ferrugineux du sol ne lui sont pas contraires et il pousse même dans une terre fortement ocreuse. Mais les terrains qui lui conviennent le mieux, pourvu qu'ils soient frais et riches en humus, ce sont les marnes, les calcaires, les sables, et les mélanges d'argile et de sable.

Epuisement du sol. 1000 ℔ de foin tirent du sol:

Azote . . .	22,5 ℔	Magnésie . .	5,0 ℔
Acide phosphorique	8,0 »	Chaux . . .	19,0 »
Potasse . . .	13,5 »	Silice . . .	2,8 »
Soude . . .	4,6 »	Acide sulfurique .	4,7 »

Engrais. La forte proportion de potasse et de chaux dans ce foin ainsi que la petite profondeur à laquelle descend d'ordinaire la souche de la plante nous indiquent que les cendres de bois doivent être du meilleur effet pour le développement du trèfle blanc.

La cendre des arbres à feuilles caduques contient 10 % de potasse et 30 % de chaux et celle des arbres à feuilles persistantes (Conifères) 6 % de potasse et 35 % de chaux. La potasse est retenue dans la couche supérieure de la terre arable et c'est elle surtout qui profite au trèfle blanc: aussi apparaît-il souvent dans des lieux où précédemment il n'avait pas été aperçu. De là cette croyance populaire assez répandue que les cendres faisaient naître du trèfle blanc. Cependant, en y regardant de près, on pouvait constater qu'il existait déjà auparavant, mais si maigre et si petit que, restant caché sous les autres plantes, il échappait à une observation superficielle. Lors donc que, grâce à l'emploi des cendres, la plante est mise tout à coup dans des conditions favorables à sa végétation, de malingre qu'elle avait été on lui voit prendre en peu de temps un développement superbe.

Le *marnage* lui est aussi très avantageux, mais s'est surtout *l'arrosage au lisier* qui est pour le trèfle blanc d'une efficacité surprenante. Par là le sol reçoit, non seulement beaucoup d'azote et de potasse, qui se déposent dans la couche supérieure et servent à nourrir le trèfle blanc, mais le plus souvent encore une assez grande quantité de graines de cette même plante, qui étaient contenues dans cet engrais liquide et qui germent et se développent sur le pré. C'est pourquoi un tel arrosage équivaut ici à un léger semis de ce trèfle.

Ayant examiné le résidu sec laissé dans un tonneau qui avait servi à cette opération, j'ai trouvé qu'un kilo en contenait 11,816 graines de trèfle blanc, dont 62 % capables de germer.*) Le lisier ne se borne donc pas à apporter à la plante certains éléments nutritifs, mais sa favorable influence doit être attribuée en grande partie à ce qu'il dote le sol d'organismes végétaux. Il est facile d'expliquer comment les graines parviennent dans ce liquide. On sait que, surtout à la seconde coupe, beaucoup de capitules du trèfle blanc ont des graines mûres, qui arrivent à la ferme avec le foin. Le bétail nourri de ce fourrage digère en partie les graines qu'il renferme, mais la plupart quittent le tube digestif sans être altérés et passent avec les déjections dans le réservoir du lisier. Là encore la majeure partie de ces semences peut demeurer des semaines sans commencer à pourrir, parce que le grain du trèfle blanc ne se laisse pénétrer d'eau que très difficilement.

*) Dr. F. G. Stebler: Die Grassamenmischungen. Berne, K. J. Wyss, 1883.

Dans les terres fertiles on obtient aussi de bons effets de l'emploi du gypse, mais il n'est d'aucune efficacité dans les champs maigres. — Si le sol a été trop épuisé par les céréales, le trèfle blanc qui leur succède réussit médiocrement et n'est que d'un petit rapport. Notons enfin que le trèfle blanc supporte les irrigations dans les terres où l'eau a un écoulement facile. Arrosage.

Végétation, rendement et valeur fourragère. Le trèfle blanc émet du pivot de sa racine principale des tiges rampantes, plus ou moins allongées et ramifiées, qui s'enracinent de distance en distance. Dans un sol très sec, dur ou maigre, ces stolons restent très courts et toute la plante est fort petite, mais si elle se trouve dans une terre qui lui convient, ils s'étendent de tous côtés, jusqu'à la longueur d'un mètre, et couvrent en peu de temps beaucoup d'espace. La plante, si elle n'a pas été semée dans une céréale, acquiert déjà dans la deuxième année tout son développement. Ce trèfle fleurit, il est vrai, de bonne heure au printemps, en partie déjà en mai, mais sa floraison principale est postérieure à celle du trèfle rouge. C'est pourquoi, s'il doit être fauché, la coupe n'en a-t-elle lieu qu'après celle de ce dernier. A cause de la grande quantité d'eau qu'il contient, son volume se réduit beaucoup au fanage et il est encore plus difficile à sécher que le trèfle rouge; mais il ne laisse pas tomber ses folioles aussi facilement. Végétation.

Comme plante à pâturer, il est cultivé d'ordinaire en semis pur, et est excellent pour cet usage, parce qu'il se prête mieux que toute autre espèce de trèfle à être brouté fréquemment et est mangé volontiers du bétail, et que celui-ci est moins exposé à en être météorisé que du trèfle rouge. On le fait pâturer dès le premier printemps, aussitôt que la plante a recouvert le sol et que les pousses en peuvent être saisies par les bêtes. Il continue de donner un bon pâturage jusqu'en automne. Pâturage.

Dans la Hollande, selon *Lobbes*, un hectare de trèfle blanc en pâture pourvoit à l'affourragement d'été de 3½ vaches laitières. Il est d'un rapport moindre comme plante à faucher, parce que la hauteur en est au plus de 60 cm. *Block*, un calculateur agronomique distingué, estime qu'en cinq ans on obtient quatre récoltes pleines, avec une moyenne de 36 quintaux de foin et d'un produit pâturé équivalant à 12 quintaux de foin, ce qui fait un total de 48 quintaux par hectare. Dans les sols légers le rapport moyen en foin est de 40 quintaux et dans les bonnes terres de 60 quintaux. Selon *Langethal*, il n'est que d'un tiers inférieur à celui du trèfle rouge. Guido *Krafft* admet qu'il est de 38—60 quintaux. Rendement.

A part la grande quantité d'eau que ce trèfle contient à l'état vert, il se trouve être très riche en éléments nutritifs parce qu'il ne consiste qu'en feuilles et en pétioles et pédoncules. Valeur fourragère.

Voici d'après *Wolff* quelle en est la composition en centièmes:

	Substance organique	Albumine	Fibre végétale	Substances extractives non azotées	Graisse	Parties assimilables: Albumine	Parties assimilables: Hydrates de carbone	Parties assimilables: Graisse
Foin avec 86 % de matière sèche . .	79,8	14,0	26,4	34,9	3,6	8,4	37,0	2,8
Fourrage vert avec 19,5 % de matière sèche	17,5	3,5	6,0	7,2	0,8	2,2	7,0	0,3

(La proportion des éléments nutritifs est donc pour le foin = 1 : 5,0 et pour le fourrage vert = 1 : 4,2.)

Par suite de la richesse en eau du trèfle blanc le bétail qui le pâture est souvent affecté de diarrhée, mais cet inconvénient peut être évité en donnant en même temps un fourrage sec. On croit aussi avoir observé que sur des pâturages qui ont été plâtrés ce trèfle cause l'inflammation de la rate ou du moins en favorise le développement: s'il en est ainsi réellement, la maladie ne pourra être attribuée qu'à la forte proportion d'eau et d'albumine contenue dans la plante, et ce qui confirme cette opinion c'est que les cas de maladie deviennent plus fréquents par un affourragement intensif.

Récolte. **Récolte, impuretés et falsifications de la semence.** Le trèfle blanc produit beaucoup de semence et qui est bien plus facile à récolter que celle du trèfle rouge. Elle se prélève ordinairement sur la première coupe. Il est vrai qu'on peut aussi faire pâturer le pré jusqu'à la St. Jean et récolter encore de la semence, ou faucher une première fois en mai et prendre la semence de la seconde coupe. Lorsque le pré a été laissé intact au printemps, elle mûrit en août, sinon seulement en septembre. Pour juger de sa maturité on observe les mêmes signes que pour le trèfle rouge. Les porte-graines ne se prêtent pas bien à être séchés en moyettes ou en rangées, et à cet effet on les laisse plutôt couchés en andains, après quoi, s'il en est besoin, on leur fait finir la dessiccation sur des échafaudages. Le battage est moins difficile que chez le trèfle rouge, parce que les grains qui sont ordinairement au nombre de quatre dans la gousse de chaque fleur, en sortent avec une plus grande facilité.

Rendement. Dans les bonnes années, et quoique la graine soit petite, le rendement est très considérable. D'après *Schwerz* il peut être de 8 quint. par hectare, et *Sprengel* prétend même qu'il monte jusqu'à 16—20 quintaux. Selon *Langethal* ce produit est de 12, selon *Krafft* de 5—10 et enfin selon *Werner* de 6—12 quint. par hectare. Comme le bétail pâturant épargne en partie les capitules de fleurs et que ceux-ci portent ensuite des graines, il y a intérêt à les cueillir avec le *peigne à trèfle* qui a été décrit dans la monographie du Trèfle rouge.

Impuretés. En fait de graines étrangères il se rencontre souvent dans cette semence celles du plantain lancéolé (*Plantago lanceolata*, L.), de la fausse camomille (*Anthemis arvensis*, L.), de la petite oseille (*Rumex Acetosella*, L.), etc. C'est surtout la graine du plantain qui peut être nuisible ici, si le trèfle blanc doit servir comme plante à faucher, pendant que s'il est en pâture, le préjudice est moins grand. Quelquefois cette semence est aussi infestée de graines de cuscute.

Falsifications. La semence du trèfle blanc est rarement falsifiée. Comme les graines, en vieillissant, sont sujettes à contracter une fausse couleur rouge, il arrive quelquefois qu'elles ont été soufrées, afin de revenir à la jolie couleur jaune soufre qu'elles avaient d'abord. L'acheteur peut éviter d'être trompé en exigeant qu'on lui garantisse dans la marchandise une proportion convenable de capacité germinative et en la faisant vérifier par une Station de contrôle des semences. Le sieur *Hirschmann*, dont il a été question à propos du trèfle rouge, a aussi mis dans le commerce des «pierres de trèfle» teintes en jaune, pour être mêlées avec la semence en question.

Qualité. **Semence et semis.** En moyenne, la pureté de la semence du commerce est de 93 % et sa faculté germinative de 74 % : pour obtenir ce dernier chiffre on a regardé comme ayant la qualité voulue le tiers des graines restées dures dans l'épreuve. Une bonne marchandise doit présenter 96 % de pureté et au moins 75 % de faculté germinative, soit 72 % de graines pures et capables de germer ; il est bien entendu qu'il ne doit point s'y trouver de graines de cuscute. Un kilo de semence pure contient en moyenne 1,631,000 graines, et le poids moyen de l'hectolitre est de 79 kilos. Une semence de bonne qualité doit être d'une teinte claire, jaune soufre ; mais elle devient rouge en vieillissant, en même temps qu'elle perd peu à peu de sa capacité germinative.

Quantité. D'une marchandise à 74 % il se sème, en moyenne, 12 kilos par hectare, soit 864 centièmes de kilo, et par arpent 5 kilos ou 366 centièmes de kilo.

On ne fait que rarement des semis purs de trèfle blanc et cela seulement pour le pâturage. Les procédés de culture sont les mêmes qu'avec le trèfle rouge. « Dans le Mecklenbourg, la Poméranie,

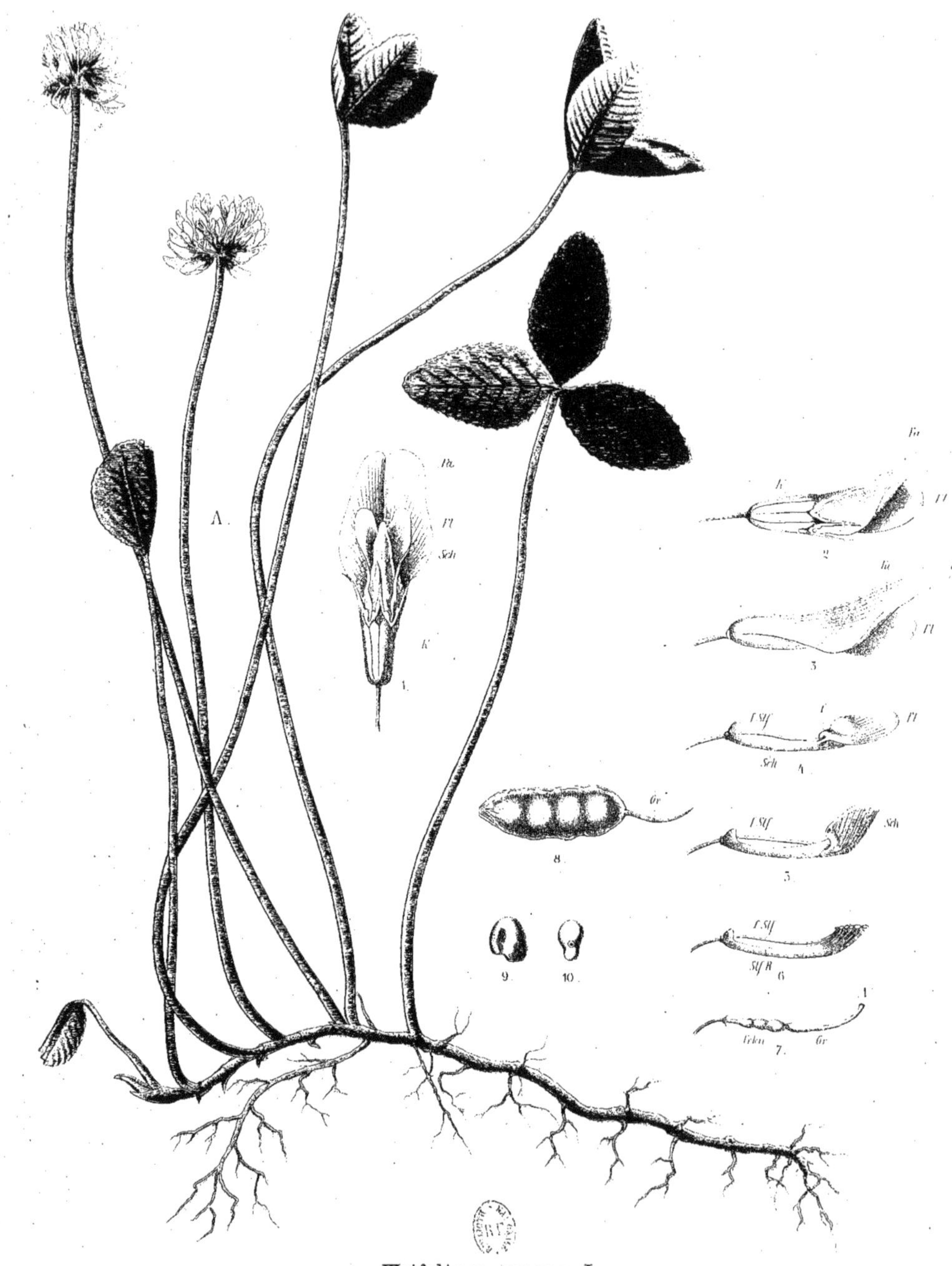

Trifolium repens, L.

Weissklee — Trèfle blanc.

C. & L. Schröter ad. nat. del.

Lith. Genossenschaft Zürich

l'Uckermark et la Neumark, dit *Langethal*, on n'en fait qu'une coupe la première année, après quoi le pré est laissé comme pâture jusqu'à la fin du printemps prochain, pour être rompu alors. » Cependant le trèfle blanc employé pur ne se développe pas en gazon aussi beau et ne donne pas un fourrage aussi bon et aussi sain que s'il est cultivé en mélange avec des graminées. Les pâtures grasses des Dithmarches (Holstein) et d'Eiderstedt (Schleswig) consistent principalement en un mélange de ray-grass anglais et de trèfle blanc, et il en est de même en Angleterre. Quelquefois il n'est associé qu'au trèfle rouge, mais il est généralement de durée plus longue que celui-ci. Dans les mélanges de plantes à faucher le trèfle blanc forme une herbe basse de première qualité. Il s'emploie aussi bien pour les mélanges de trèfle et de graminée que pour les prairies temporaires ou permanentes. Mélanges.

Les soins à donner au trèfle blanc peuvent se réduire à un roulage superficiel, et, s'il a été envahi de mousse, à un hersage fait au printemps avec la herse en zigzag. Dans ce dernier cas, on obtient aussi un bon résultat d'une couverture de marne, de cendre ou de compost.

Explication de la planche 14.

(Figure A en grandeur naturelle; figures 1—10 grossies 6 fois.)

Fig. A. Plante entière fleurissante.
» 1. Fleur vue sur la face inférieure.
» 2. Fleur vue latéralement.
» 3. La même, après ablation du calice.
» 4. La même, après ablation du calice et de l'étendard.

Fig. 5. Fleur vue latéralement, après ablation du calice, de l'étendard et des ailes.
» 6. Organes de la reproduction.
» 7. Pistil.
» 8. Gousse.
» 9. Graine vue sur le côté élargi.
Graine vue sur le côté étréci, avec le hile.

XV. L'Esparcette.

Onobrychis sativa, Lmk.

Famille des Légumineuses.

Cette plante s'appelle Esparcette ou Sainfoin : le premier de ces noms est l'espagnol *esparcilla* ou *esparceta*, dérivé de *esparcir* qui signifie *étendre*, et le second s'écrivait autrefois aussi *sainct foin* ou *saint foin*. Vulgairement elle est encore connue sous ceux de Fenasse, de Foin de Bourgogne ou simplement Bourgogne, d'Herbe éternelle, de Tête ou Crête de Coq, de Chèpre ou même de Luzerne, etc. Dénomination.

La culture de cette espèce fourragère n'est pas aussi ancienne qu'on le croit ordinairement. Histoire. Elle n'était pas connue des anciens Grecs, et leurs descendants ne l'ont jusqu'à présent pas introduite chez eux. La plante désignée par Dioscoride et Pline sous le nom d'*Onobrychis* n'est pas notre Esparcette, mais une espèce congénère, l'*Onobrychis Caput-galli*, All., qui est spontanée en Grèce et ailleurs, mais n'est point cultivée. Il est très probable que la culture de l'esparcette a commencé, au XVe siècle, dans le midi de la France, et au siècle suivant la plante était déjà tenue en grand estime dans ce pays-là.*) La culture ne s'en répandit en Italie, notamment dans la Toscane, que dans le courant du XVIIIe siècle. Dans la Suisse elle paraît avoir commencé dans les premiers temps du siècle passé, et la semence venait probablement du Dauphiné. En 1760, un homme du métier notait ce qui suit dans les Mémoires de la Société économique de Berne : — « De toutes les herbes four-

*) *Alph. de Candolle*: Origine des plantes cultivées. Paris, 1883.

ragères cultivées au moyen de semis réguliers, la plus commune est aujourd'hui la Crête de Coq, appelée en latin *Onobrychis foliis Viciæ.*» Et, comme preuve de sa haute utilité, il cite cet exemple: — «Depuis que les gens de la commune de Cappelen, près Aarberg, ont su, par la culture de l'esparcette, remédier à la disette de fourrage dont ils souffraient auparavant, tout ce qui constitue ce village, hommes et bêtes, maisons et champs, a pris un aspect tout différent.» *) En 1762, *Alb. Stapfer* écrivait dans le même recueil: «Une autre espèce fourragère qui se cultive beaucoup, c'est la Crête de Coq.» L'esparcette fut introduite en Angleterre au XVIIe siècle, en venant de la Flandre et de la France. En Allemagne elle prit, à partir de 1716, une place importante parmi les plantes fourragères et les gouvernements eurent soin plus d'une fois d'en recommander la culture aux paysans. Dans le Palatinat en particulier, c'est surtout à David Möllinger que revient l'honneur d'en avoir propagé l'usage.

Valeur agricole.

Ce n'est que par la culture de cette plante précieuse qu'il est devenu possible de tirer parti de terrains qui jusqu'alors avaient été presque sans valeur. L'histoire de l'agriculture en fournit de nombreux exemples. L'esparcette est pour les pays de collines calcaires, sèches et stériles, la plante fourragère principale. Elle supporte des sécheresses excessives, réussit même sans engrais et est de longue durée. *Lawson***) rapporte qu'on l'a vue atteindre l'âge de cent ans; il n'est pas rare d'en voir des prés existant depuis vingt ans et qui sont encore d'un bon rapport. Dans le Palatinat elle ne reste guère en exploitation que pendant trois ans, mais ailleurs on la tient habituellement de quatre à sept ans. On admet que, pour être d'une réussite certaine, elle ne doit revenir sur le même champ qu'après un intervalle égal au temps qu'elle l'avait occupé. Suivant les uns ce délai doit être de huit ans et selon d'autres de dix à douze ans. Avec un sous-sol riche on peut attendre pour cela moins longtemps que dans le cas contraire. Mais si elle se retrouve souvent dans la même terre, il se présente le phénomène que nous avons remarqué chez le trèfle rouge, c'est-à-dire que le champ éprouve la «fatigue de l'esparcette». Cependant cet inconvénient est moins fréquent ici, parce que la plante est pourvue d'une souche beaucoup plus développée que celle du trèfle.

Description botanique.

Souche vivace, à longue racine pivotante. Tiges dressées ou ascendantes, de 30—60 centim. striées, pubescentes ou velues. Feuilles imparipennées à 13—25 folioles opposées par paires et avec une impaire terminant le pétiole commun, oblongues-linéaires ou oblongues-obovales (plus larges dans le tiers supérieur) et pubescentes en dessous.

Fleurs en grappes spiciformes multiflores, portées sur des pédoncules axillaires nus et très longs. Calice (fig. 1, 2, *K.*) poilu, à tube court et à 5 dents presque égales et deux fois aussi longues que le tube: les 3 antérieures dirigées en bas et les 2 postérieures tendues en avant; bord du tube très élargi et coupé droit entre ces deux dernières dents. Corolle purpurine, striée de veinules plus foncées, à pétales non soudés. Etendard (*Fa.*) large, à partie antérieure peu redressée; ailes (fig. 2, 3, *Fl.*) très courtes, moins longues que les dents calicinales, couvertes entièrement par l'étendard; carène (fig. 1, 2, 3, *Sch.*) très développée, aussi longue que l'étendard, à onglets courts et à limbe large et tronqué obliquement au sommet. Tube des étamines (fig. 2, 4, *Stf. R.*) ayant des deux côtés de la base de l'étamine libre une ouverture pour les insectes en quête du nectar sécrété à son intérieur, (fig. 3, 4, *f. St.*). Ovaire ovale, uniloculaire, uniovulé; style allongé, recourbé en dedans à angle droit; stigmate terminal, arrondi, dépassant les anthères.

La fécondation au moyen d'insectes s'opère ici de la même manière que dans les fleurs du trèfle blanc. La carène étant abaissée, les étamines et le stigmate font saillie par sa fente supérieure et viennent en contact avec la face inférieure de l'insecte, et, cela fait, les organes de la reproduction se renferment de nouveau dans la carène. Il n'a pas été constaté que la fleur reste stérile si des

---

*) Der schweizerischen Gesellschaft in Bern Sammlungen von landwirthschaftlichen Dingen. Zurich, 1760.

**) Die Kulturgräser und Futterkräuter. Deutsch von *A. Courtin.* Stuttgart, 1857.

insectes n'y ont pas accès ; mais ce qui le rend très probable c'est la grande distance entre les anthères et le stigmate, laquelle augmente encore pendant l'anthèse. Comme le nectar est accessible aussi aux insectes à trompe courte, les fleurs sont fréquentées par un grand nombre de ces visiteurs. *Muller* en a observé 29 espèces différentes, surtout les abeilles.

Le fruit (fig. 6) est une gousse monosperme, indéhiscente, comprimée : à bord supérieur épais et droit et auquel est attachée la graine (à gauche sur notre figure) ; à bord inférieur courbé et en forme de crête mince et partiellement dentée-épineuse (voyez aussi la coupe transversale du fruit, fig. 9) ; avec deux faces convexes, réticulées au moyen de lignes saillantes et dentées-épineuses, ayant entre elles des fossettes qui, du côté de la crête, sont garnies de poiles courts et apprimés. Graine (fig. 8, 9) réniforme, avec un hile arrondi situé au tiers supérieur de l'un des petits côtés.

Variétés.

On distingue deux formes agricoles :

1° l'Esparcette ordinaire ou *Sainfoin petite graine : Onobrychis sativa* var. *communis*, Alefeld ;

2° l'Esparcette à deux coupes ou *Sainfoin grande graine : Onobrychis sativa* var. *bifera*, Hort.

La seconde se distingue de la première par une végétation plus luxuriante et une floraison plus précoce. Elle porte encore à la deuxième coupe des tiges fleurissantes. Mais comme elle est cultivée beaucoup moins qu'autrefois, il ne semble pas qu'elle l'emporte sur l'autre par des qualités essentielles. Quoiqu'il en soit, ce n'est pas certain qu'elle ait tous les torts qu'on lui reproche, comme, par ex., d'être en fleur toute l'année et de ne pas donner de grande coupe, etc.. En Angleterre on distingue encore une esparcette *à trois coupes*. De celle-ci il a été obtenu à Proskau, dans la Silésie, en deux coupes et sur une glaise à sous-sol de marne argileuse, 122 quintaux de foin par hectare.

A l'état sauvage, l'esparcette diffère de celle de nos cultures par une végétation plus basse et par des gousses plus fortement pubescentes. Sur les Alpes calcaires il se trouve une forme alpine (*Onobrychis montana*, DC.), à tiges basses et diffuses, à folioles plus courtes mais plus larges et à fleurs de couleur plus foncée que chez la variété cultivée, à carène plus longue que l'étendard et à ailes aussi longues que les dents du calice.

Distribution géographique.

Habitat, climat, sol, engrais. L'esparcette croît à l'état spontané dans les régions tempérées de l'Europe, dans le Caucase méridional et au pourtour de la mer Caspienne et du lac Baïkal. Elle n'est pas indigène dans la Sicile et la Sardaigne ni dans l'Algérie. A l'état cultivé elle est très répandue dans le midi de la France, le Jura, l'Alsace, le Palatinat, la Forêt-Noire, les montagnes de l'Allemagne centrale, la Moravie, etc.

Stations.

La plante sauvage se rencontre en Suisse sur les collines et les coteaux secs, à la lisière des bois, surtout dans les sols très calcaires.

Limites d'altitude.

Dans la Basse Engadine, elle se rencontre jusqu'à la hauteur de 1600 m. (*Müller*-Lippstadt), à Brail, pendant que la forme dite « des montagnes » (*O. montana*, DC.) monte jusque dans la région alpine (Melchalp, à 2100 m., d'après *Brügger*, et à la même hauteur au Gantrisch).

Climat.

Bien que ce soit dans les contrées viticoles que l'esparcette se cultive avec le plus de succès, elle ne laisse pas de réussir dans des régions plus froides et même dans celles à climat rude, comme les collines du canton de Lucerne, les environs de Zimmerwald (Berne) et la Forêt-Noire. Dans les expositions sèches et chaudes elle dure plus longtemps et est d'un rapport plus considérable que dans des terres hautes et tournées au Nord. La plante encore jeune est sujette à se déchausser, lorsqu'elle est surprise par l'hiver sans être protégée : il ne faut donc pas la couper trop tard au commencement de l'automne. En revanche, une esparcette vieille ne souffre que rarement de l'hiver, mais plutôt des étés humides et froids, qui non seulement en diminuent le produit, mais encore font dépérir une partie des plantes. Elle n'éprouve aucune atteinte de la sécheresse.

Sol.

Comme la racine descend à une profondeur double ou triple de celle de la luzerne, la nature du sous-sol est ici de première importance. Quelque mauvaise que soit la couche végétale, l'esparcette prospère toujours bien, si le sous-sol est favorable. Mais il faut que celui-ci, sans être humide, soit assez meuble pour laisser pénétrer les racines. On croyait autrefois que cette plante ne réussissait que dans des terrains très riches en calcaire : cela est inexact, car elle se cultive avec succès dans ceux qui ne contiennent qu'un demi-centième de ce minéral, si tant est qu'ils soient bien constitués d'ailleurs. Il est vrai qu'on croit avoir observé que le produit de l'esparcette va en augmentant jusqu'à ce que la proportion du calcaire soit de 12 pour 100. Ce sont en général les terrains calcaires ou marneux qui lui conviennent le mieux, mais cela surtout à cause de leurs propriétés physiques. Elle réussit même sur une roche calcaire qui ne porte que 10 centimètres de couche arable, pourvu que ce sous-sol ait des fentes et des fissures dans lesquelles elle puisse pousser sa racine pivotante et qui, élargies de cette façon, donnent lieu à des sillons bien visibles à l'extérieur *(Fraas)*. Du pivot de la racine principale il part horizontalement des racines latérales, qui se comportent de la même manière et enlacent les fragments de la pierre. C'est pourquoi l'esparcette prospère même sur les terrains de craie de la France et de l'Angleterre, qui sans elle seraient improductifs. Mais elle réussit aussi sur les collines d'alluvion du Nord de l'Allemagne où un limon de quelques pouces d'épaisseur repose sur du sable. Elle s'accommode bien également des terrains sablonneux avec sous-sol de marne. Les argiles non plus ne lui sont pas contraires si elles ont un sous-sol perméable. Mais ce qui lui est contraire ce sont les terres marécageuses ou tourbeuses, et en général toutes celles à sous-sol mouillé. Elle prospère le mieux dans les terrains calcaires fertiles, à sous-sol sec et bien exposés au soleil.

Epuisement du sol. D'après *Wolff* un millier de livres de foin d'esparcette tire du sol :

Azote . . .	21,9 %	Chaux . . .	17,3 %
Acide phosphorique	4,7 »	Magnésie . .	3,1 »
Potasse . . .	13,4 »	Acide sulfurique .	1,4 »
Soude . . .	1,3 »	Silice . . .	3,8 »

L'esparcette enlève donc du terrain, outre l'azote, beaucoup de potasse et de chaux, et celles-ci proviennent principalement du sous-sol. Elle enrichit par conséquent la couche arable du résidu de ses racines.

Engrais. Cultivée dans un terrain qui lui convient, et même sans engrais, l'esparcette l'emporte sur toute autre plante fourragère par l'abondance du produit. Cependant il faut que la couche végétale soit assez fertile pour fournir à la nutrition de la plante pendant les premières années, où ses racines ne pénètrent pas encore dans la profondeur. Si le sol est pauvre en calcaire, il est avantageux de l'amender au moyen de ce minéral ou avec de la marne. Le plâtre en couverture, sur une terre fertile d'ailleurs, augmente beaucoup le rapport de l'esparcette.

Végétation. **Végétation, rendement, valeur fourragère.** Les tiges, qui sont plus ou moins dressées, se divisent en rameaux nombreux et chargés de feuilles. Sur celles-ci et chez des plantes en plein floraison, *Werner* a compté en moyenne jusqu'à 2074 folioles. D'après *Fraas**), la partie de l'axe qui a été fauchée ou broutée la dernière se dessèche, en automne, jusqu'à une profondeur dans le sol d'environ 5 cm., et au point où s'arrête ce dépérissement il se produit sur la racine un autre collet, de l'épaisseur duquel il sort deux ou trois nouvelles pousses.

---

*) *Fraas* : Das Wurzelleben der Culturpflanzen, 1870.

Comparativement à d'autres plantes fourragères, la croissance de l'esparcette est fort lente. Le rapport en est médiocre dans la première année et assez bon dans la deuxième, mais ce n'est que dans la troisième que la plante acquiert tout son développement. c'est-à-dire après que ses racines ont pénétré dans le sol jusqu'à la profondeur d'un à deux mètres. Elle est prête pour la première coupe en même temps que la luzerne. La floraison se fait de fin mai au commencement de juin. L'esparcette ordinaire ne pousse plus de tiges pour la seconde coupe. mais seulement de longues feuilles, de sorte qu'elle n'est que d'un produit médiocre. Développement.

Souvent on ne fauche qu'une seule fois. On fait la première coupe lorsque la plante est en pleine floraison, car bientôt après elle perd de sa valeur. Comme elle n'est en fleur qu'une huitaine de jours, l'on n'a guère de temps pour en faire la récolte. Elle se prête fort bien au fanage, parce que la dessiccation en est plus facile que celle du trèfle rouge et que ses folioles sont moins sujettes à tomber. On la coupe comme le trèfle rouge, pour être séchée soit en andains soit sur des échafaudages. Il faut, autant que possible, éviter de secouer inutilement le foin pendant qu'il est encore sur le pré. L'esparcette est aussi peu propre à être broutée que fauchée fréquemment, parce qu'elle ne possède pas, comme les trèfles, la propriété de pousser de nouvelles tiges, et par faute de ce moyen de rajeunissement la plante périt à la suite de coupes répétées. C'est notamment le broutage par les moutons qui a donné lieu de faire à cet égard des expériences fâcheuses. L'esparcette ne vaut guère pour servir de fourrage vert, et d'ailleurs elle ne le pourrait que pendant une petite partie de l'été. Elle n'est d'un bon rapport qu'à la première coupe, tandis que souvent elle a si peu repoussé pour la seconde qu'on ne peut la faucher. Récolte.

Les produits sont sûrs quoique peu abondants.

Block compte neuf bonnes récoltes sur dix années. *Sprengel* estime que le rendement en foin est de 80 à 120 quintaux par hectare. Selon *A. Young* il est en Angleterre de 64, 86, 106 quint. et selon *Crud* de 30 à 40 quintaux. Dans le Palatinat, le plus fort produit obtenu par *Möllinger* a été, en 1810, de 136 quint., mais la moyenne de 10 années n'était que de 74, tandis que celle du trèfle rouge allait jusqu'à 88 quintaux. Le produit varie selon *Langethal* de 60 à 120, et selon *Guido Krafft* de 40 à 86 quintaux. Le comte *Arnim de Lippe* a trouvé que dans un terrain favorable il est de 140 quintaux. *Werner* a eu de 60 à 80, et *Häni* de 97 à 111 quintaux. Tous ces chiffres ont rapport à l'hectare. Rendement.

Ce fourrage est, en revanche, de meilleure qualité que le trèfle rouge. Valeur fourragère.

D'après *Wolff* 100 % d'esparcette contiennent :

Matière organique	79,6 %	en laquelle il y a :
Albumine (Azote × 6,25)	13,7 »	partie assimilable 7,8 %
Fibre ligneuse	27,9 »	» » 36,9 » (Fibre ligneuse et Substances extractives)
Substances extractives non azotées	35,3 »	
Graisse	2,6 »	» » 1,4 »

Proportion de la substance nutritive : 1 : 5,2.

Ce foin, d'ailleurs, est non seulement nourrissant mais encore très salubre, comme le dit son nom de *Sainfoin*, et il est surtout fort profitable aux chevaux.

Récolte, impuretés et falsifications de la semence. La production de la semence ne peut être lucrative que dans les pays à climat sec et où les terres sont à bas prix. Dans les contrées où se pratique la culture intensive il est plus avantageux d'exploiter l'esparcette comme fourrage. La semence se récolte sur des prés déjà anciens, qui Récolte.

sont à la veille d'être rompus, parce que les pieds d'esparcette souffrent beaucoup par là. La maturité a lieu à la fin de juillet, et l'on en reconnaît le point juste à la couleur brun-clair des gousses et à ce que la graine est de la consistance du fromage ferme. A mesure qu'avance la maturité, les gousses prennent une teinte plus foncée et elles tombent plus facilement, au détriment du produit de la récolte. Mais, d'un autre côté, si l'on a coupé trop tôt, les graines se ratatinent peu à peu et deviennent moins capables de germer. Pour parer à la perte de semence il est bon de faire le battage dans le pré même et sur des toiles, et cela d'autant plus que l'opération est très facile. Si le foin, mis en tas avant d'être battu, vient à s'échauffer, il en résulte que les graines perdent beaucoup de leur faculté germinative et souvent ne servent plus à rien. C'est pourquoi il importe ou de procéder immédiatement au battage ou de ne mettre le foin qu'en couche peu épaisse. Au reste, le traitement est le même que pour la semence du trèfle rouge.

Rendement. *Arthur Young* estime que dans le comté de Suffolk le produit en semence est de 9—11½ quint. par hectare, et selon d'autres agronomes il peut monter jusqu'à 26 quintaux. D'après *Sprengel* il est de 6—10½, selon *Guido Krafft* de 13—20 et selon *Häni* de 10½—21 quintaux, toujours par hectare.

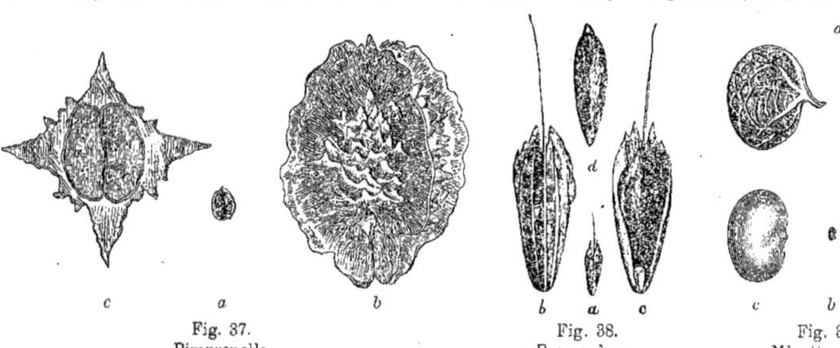

Fig. 37.
Pimprenelle.
Poterium Sanguisorba, L.
Faux-fruit.
a. en grand. natur.;
b. grossi 7 fois;
c. coupe transversale.

Fig. 38.
Brome doux.
Bromus mollis, L.
a. Faux-fruit en grand. natur.;
b. Faux-fruit grossi, côté extérieur;
c. Faux-fruit, grossi, côté intérieur;
d. Caryopse grossi.
(D'après Nobbe.)

Fig. 39.
Minette dorée.
Medicago Lupulina, L.
a. Gousse avec le calice, grossie 7 fois;
b. Graine en grand. natur.;
c. Graine grossie 7 fois.

Impuretés. Il se rencontre souvent dans cette semence, comme impureté mais non par suite de falsification, de la graine de pimprenelle (*Poterium Sanguisorba*, L.), fig. 37, qui n'a de commun avec celle de l'esparcette que la couleur brune.*)

Les nombres suivants démontrent combien est fréquente la présence de la pimprenelle dans l'esparcette. Sur tous les échantillons examinés à notre Station de contrôle des semences:

1877 à 1878	nous avons eu	$64,_{5}$ %	contenant de la pimprenelle.
1878 à 1879	»	$43,_{8}$ »	
1879 à 1880	»	$49,_{5}$ »	
1880 à 1881	»	$34,_{1}$ »	
1881 à 1882	»	$34,_{1}$ »	

*) Dr *F. G. Stebler*. Samenfälschung und Samenschutz. Zürich, 1880.

Cet ingrédient étranger est surtout fort commun dans la semence d'esparcette française, et il peut devenir très nuisible dans les cultures. Souvent la pimprenelle se sépare de l'esparcette, pour être vendue séparément. Comme impuretés fâcheuses, mais dont il est facile de se débarrasser, il s'y trouve des graines de quelques espèces de brome, notamment du B. stérile (*Bromus sterilis*, L.) et du B. doux (*B. mollis*, L.), fig. 38. On y voit fréquemment aussi la graine de la renoncule ou du bassinet des champs (*Ranunculus arvensis*, L.), mais qui n'est guère nuisible, puis des bulbilles d'ail, des gousses de minette dorée (*Medicago Lupulina*, L.), fig. 39, entières et avec toute leur semence. L'esparcette d'Alsace contient souvent jusqu'à 20 % et plus de ces impuretés dommageables, et l'on voit des agriculteurs acheter une telle marchandise et en faire des semis, sans songer à la nettoyer préalablement.

Il est rare que la semence d'esparcette soit falsifiée.

Semence et semis. D'après quatre centaines d'essais faits à notre Station de contrôle, l'esparcette présente en moyenne une pureté de $95,_{3}$% et une faculté germinative de 71 %. Mais on peut exiger d'une bonne marchandise que de ces deux qualités la première soit de 98 % et la seconde de 80 %, et qu'elle contienne donc 78 % de graines pures et capables de germer. Un kilo de semence pure comporte en moyenne 49,400 graines, ce qui fait que 1000 graines pèsent $20,_{3}$ grammes. Le poids moyen de l'hectolitre est de 32 kilos, mais d'ordinaire il est plus fort encore chez les très bonnes qualités. Chez celles-ci la graine contenue dans la gousse est grosse, pleine, de teinte claire et facile à casser sous la dent. En vieillissant elle perd vite sa faculté germinative, et il arrive souvent que de la semence d'un an seulement n'est plus en état de servir ; en même temps elle est devenue plus foncée, dure et ratatinée. Qualité.

La quantité de semence est, par hectare, de 186 kil. d'une marchandise à 78 %, soit de 14,508 centièmes de kilo, ou, par arpent, de 67 kil., soit de 5,226 centièmes de kilo. Bien qu'en général il ne convienne pas de semer en lignes les plantes fourragères, ce procédé est toutefois avantageux pour l'esparcette, car alors la graine peut être enfouie plus régulièrement et partant elle est mieux à même de bien germer. Si l'on sème à la volée et que bientôt après il survienne un temps sec, il ne lève qu'une petite partie des graines, parce que, la gousse s'étant durcie, la plantule ne peut en rompre la paroi et périt ainsi. Avec de la graine écossée on obtient une germination plus prompte, plus sûre et plus régulière. Malheureusement il n'est pas facile de la délivrer de la gousse, parce que celle-ci est très coriace et la graine fragile. Cependant il se trouve aussi dans le commerce de la semence écossée, qui est fort à recommander, si d'ailleurs elle est de bonne qualité. Il en faut environ la moitié de la quantité qui vient d'être indiquée. Quantité.

L'esparcette se cultive habituellement en semis pur. Les récoltes qui conviennent le mieux pour la précéder, sont celles qui rendent le champ bien ameubli, nettoyé de mauvaises herbes et en bon état de fumure. Cependant cette plante n'est pas bien difficile sous ce rapport, et l'on peut corriger par une bonne préparation du terrain ce qu'il peut y avoir eu de défectueux de la part de la récolte précédente. La saison la plus avantageuse pour le semis est le printemps, de la fin de mars jusqu'au commencement d'avril, et il est rare qu'il se fasse en automne. On peut semer dans une céréale, mais on ne le fait pas toujours : le plus sûr c'est de ne pas le faire ou du Semis.

moins de ne mettre l'esparcette que dans une céréale, avoine ou seigle, qui doit être coupée en vert. Cependant elle se sème aussi dans du blé d'automne ou de printemps, mais par là on n'obtient un bon résultat que dans les années sèches, tandis que, dans les humides, le jeune semis est exposé à souffrir de la verse de la céréale. Une céréale de printemps, surtout le froment, est donc préférable à une céréale d'automne. L'esparcette doit être enfouie à peu près à la même profondeur que le blé, soit à 3—4 centimètres.

Mélanges. Il est rare qu'on associe l'esparcette à d'autres plantes fourragères, parce qu'elle est sujette alors à périr promptement. Quelquefois elle est mise en mélange avec la luzerne et le trèfle rouge, et l'on prétend qu'en ce cas il n'apparaît point de cuscute. Dans une bonne terre à esparcette, on l'ajoute aussi aux mélanges de graminée et de trèfle ainsi qu'à ceux destinés pour les prés temporaires ou permanents.

Espèce voisine. Une plante fourragère voisine de l'esparcette est le *Sulla* ou Sainfoin d'Espagne (*Onobrychis coronaria*, L.), qui, dans ces derniers temps, a commencé d'être cultivé dans le midi de l'Europe.

Explication de la planche 15.

(Les figures 1 et 2 sont en grandeur naturelle, les fig. 3 à 5 en grandeur double et les fig. 6 à 9 en grandeur sextuple.)

Figure A. Sommité d'une plante fleurissante.
» 1. Fleur.
» 2. Fleur sans l'étendard.
» 3. Fleur après ablation du calice.
» 4. Organes de la reproduction.

Figure 5. Pistil.
» 6. Gousse mûre.
» 7. Graine vue de face.
» 8. Graine vue de côté.
» 9. Coupe transversale de la gousse.

Onobrychis sativa, Lmk.

Esparsette — Esparcette.

C. & L. Schröter ad. nat. del.

Lith. Genossenschaft Z r i

APPENDICE.

Tableau I. **Quantité de semence par arpent (36 ares).**

Nro.	Espèce de semence	Quantité normale de semence en kilogrammes	Valeur utile moyenne [illegible]	Quantité normale de semence en centièmes de kilo	Quantité de semence en centièmes de kilo avec un surplus de :							
					10 %	20 %	30 %	40 %	50 %	60 %	70 %	80 %
1	Ray-grass anglais .	22	71	1562	1718	1874	2031	2187	2343	2499	2655	2812
2	Ray-grass d'Italie .	20	67	1340	1474	1608	1742	1876	2016	2144	2278	2412
3	Dactyle aggloméré	15	53	795	875	954	1034	1113	1193	1272	1352	1432
4	Fétuque des prés .	21	71	1491	1639	1788	1938	2086	2236	2385	2534	2683
5	Fromental . . .	29	49	1421	1563	1705	1847	1989	2132	2274	2416	2558
6	Avoine jaunâtre .	12	16	192	211	230	250	269	288	307	326	346
7	Houlque laineuse .	9	40	360	396	432	468	504	540	576	612	648
8	Fléole des prés . .	6.5	87	566	623	679	736	792	849	906	962	1019
9	Vulpin des prés .	9.5	27	257	283	308	334	360	386	411	437	463
10	Flouve odorante .	12	26	312	343	374	406	437	468	499	530	562
11	Agrostide traçante	4	72	288	317	346	374	403	452	461	490	518
12	Trèfle rouge . . .	8	88	704	774	845	915	986	1056	1126	1197	1267
13	Trèfle hybride . .	5	73	365	402	438	475	511	548	584	621	657
14	Trèfle blanc . . .	5	72	360	396	432	468	504	540	576	612	648
15	Esparcette . . .	67	78	5226	5749	6271	6794	7316	7839	8362	8884	9468

Tableau II. **Quantité de semence par arpent.**

Nro.	Espèce de semence	Quantité normale de semence en kilogrammes	Quantité de semence en kilogrammes avec un surplus de :							
			10 %	20 %	30 %	40 %	50 %	60 %	70 %	80 %
1	Ray-grass anglais	22	24.2	26.4	28.6	30.8	33.0	35.2	37.4	39.6
2	Ray-grass d'Italie	20	22.0	24.0	26.0	28.0	30.0	32.0	34.0	36.0
3	Dactyle aggloméré . . .	15	16.5	18.0	19.5	21.0	22.5	24.0	25.5	27.0
4	Fétuque des prés	21	23.1	25.2	27.3	29.4	31.5	33.6	35.7	37.8
5	Fromental	29	31.9	34.8	37.7	40.6	43.5	46.4	49.3	52.2
6	Avoine jaunâtre	12	13.2	14.4	15.6	16.8	18.0	19.2	20.4	21.6
7	Houlque laineuse	9	9.9	10.8	11.7	12.6	13.5	14.4	15.3	16.2
8	Fléole des prés	6.5	7.2	7.8	8.5	9.1	9.8	10.4	11.1	11.7
9	Vulpin des prés	9.5	10.5	11.4	12.4	13.3	14.3	15.2	16.2	17.1
10	Flouve odorante	12	13.2	14.4	15.6	16.8	18.0	19.2	20.4	21.6
11	Agrostide traçante . . .	4	4.4	4.8	5.2	5.6	6.0	6.4	6.8	7.2
12	Trèfle rouge	8	8.8	9.6	10.4	11.2	12.0	12.8	13.6	14.4
13	Trèfle hybride	5	5.5	6.0	6.5	7.0	7.5	8.0	8.5	9.0
14	Trèfle blanc	5	5.5	6.0	6.5	7.0	7.5	8.0	8.5	9.0
15	Esparcette	67	73.7	80.4	87.1	93.8	100.5	107.2	113.9	120.6

Tableau III. **Quantité de semence par hectare.**

Nro.	Espèce de semence	Quantité normale de semence en kilogrammes	Valeur utile moyenne %	Quantité normale de semence en centièmes de kilo	Quantité de semence en centièmes de kilo avec un surplus de:							
					10 %	20 %	30 %	40 %	50 %	60 %	70 %	80 %
1	Ray-grass anglais .	62	71	4402	4842	5282	5723	6163	6603	7043	7483	7924
2	Ray-grass d'Italie .	55	67	3685	4054	4422	4791	5159	5528	5896	6266	6633
3	Dactyle aggloméré	40	53	2120	2332	2544	2756	2968	3180	3392	3604	3816
4	Fétuque des prés .	60	71	4260	4686	5112	5538	5964	6390	6816	7242	7668
5	Fromental . . .	80	49	3920	4312	4704	5096	5488	5880	6272	6664	7056
6	Avoine jaunâtre .	33	16	528	581	634	686	739	792	845	898	950
7	Houlque laineuse .	25	40	1000	1100	1200	1300	1400	1500	1600	1700	1800
8	Fléole des prés. .	18	87	1566	1723	1879	2036	2192	2349	2506	2662	2819
9	Vulpin des prés .	26	27	702	772	842	913	983	1053	1123	1193	1264
10	Flouve odorante .	34	26	884	972	1061	1149	1238	1326	1414	1503	1591
11	Agrostide traçante	11	72	792	871	950	1030	1109	1188	1267	1346	1426
12	Trèfle rouge. . .	20	88	1760	1936	2112	2288	2464	2640	2816	2992	3168
13	Trèfle hybride . .	14	73	1022	1124	1226	1329	1431	1533	1635	1737	1840
14	Trèfle blanc . . .	12	72	864	950	1037	1123	1210	1296	1382	1469	1555
15	Esparcette . . .	186	78	14508	15959	17410	18860	20311	21762	23213	24664	26114

Tableau IV. **Quantité de semence par hectare:**

Nro.	Espèce de semence	Quantité normale de semence en kilogrammes	Quantité de semence en kilogrammes avec un surplus de :							
			10 %	20 %	30 %	40 %	50 %	60 %	70 %	80 %
1	Ray-grass anglais.	62	68.2	74.4	80.6	86.8	93.0	99.2	105.4	111.6
2	Ray-grass d'Italie. . . .	55	60.5	66.0	71.5	77.0	82.5	88.0	93.5	99.0
3	Dactyle aggloméré . . .	40	44.0	48.0	52.0	56.0	60.0	64.0	68.0	72.0
4	Fétuque des prés.	60	66.0	72.0	78.0	84.0	90.0	96.0	102.0	108.0
5	Fromental	80	88.0	96.0	104.0	112.0	120.0	128.0	136.0	144.0
6	Avoine jaunâtre	33	36.3	39.6	42.9	46.2	49.5	52.8	56.1	59.4
7	Houlque laineuse	25	27.5	30.0	32.5	35.0	37.5	40.0	42.5	45.0
8	Fléole des prés	18	19.8	21.6	23.4	25.2	27.0	28.8	30.6	32.4
9	Vulpin des prés	26	28.6	31.2	33.8	36.4	39.0	41.6	44.2	46.8
10	Flouve odorante	34	37.4	40.8	44.2	47.6	51.0	54.4	57.8	61.2
11	Agrostide traçante . . .	11	12.1	13.2	14.3	15.4	16.5	17.4	18.3	19.2
12	Trèfle rouge	20	22.0	24.0	26.0	28.0	30.0	32.0	34.0	36.0
13	Trèfle hybride	14	15.4	16.8	18.2	19.6	21.0	22.4	23.8	25.2
14	Trèfle blanc.	12	13.2	14.4	15.6	16.8	18.0	19.2	20.4	21.6
15	Esparcette	186	204.6	223.2	241.8	260.4	279.0	297.6	316.2	334.8

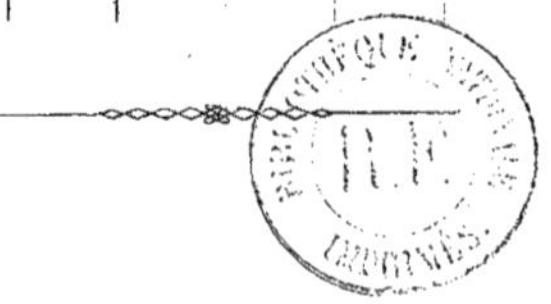

www.ingramcontent.com/pod-product-compliance
Ingram Content Group UK Ltd.
Pitfield, Milton Keynes, MK11 3LW, UK
UKHW020148200726
13856UKWH00003B/890